佐藤温重・永井 彰・山上 明 編著

生物学実験

第2版

東海大学出版部

はじめに

　生物学実験を大学の教養課程で行う場合，担当教員としては当惑することが非常に多い．その第一は学生の経験の幅が非常に大きく，高校時代に生物実験をほとんどやっていない学生も，かなり高度な実験を行ってきた学生もまじっている点である．次に受講学生の人数が驚くほど多く，年によって変動が甚だしいことである．現在生物学実験が理科の教員免許証を取得するために必要な科目であることも加わって，国立でも私立大学でも生物学実験を履習する学生は非常に多い．医学系や生物・水産系の学生はおおむね必修として履習しているが，物理・化学系の学生でも受講が多く，最近は工学系からの希望もでるほどで，どの大学でも限られた実験室のなかで履習者の増加に苦慮している例が少なくない．

　さらに，これらの学生に履習させる実験テーマはどのようなものを選ぶべきか，実験に用いる材料の入手にはどのぐらい手間がかかり，何日ぐらい維持できるか，学生の実験をスムーズに行うためのプリントや実験講義はどのように与えるべきか――等々担当する教員側が心を痛めていることは少なくないのである．その上，少数の教員が多数の履習者をかかえ，とぼしい予算のなかでいかにして実験を効果あるものにするかに多くの努力をそそいでいるのが現実の姿であろう．

　最近，高校の生物の教科書は内容が高度化し，分子生物学や生化学的な面が多く取りあげられ，学生にこの方面の知識が普及した反面，それらの知識が由来したプロセス――実験的な手法に対する理解や，私たちの身のまわりにいる生物に対する観察力は低下しているように感ぜられることが多い．また，自分達が観察し実習した事項をスケッチやレポートとして報告する際の表現力――スケッチのかき方も文章としての表現力も幼稚な学生が増えているように思われる．

　この点，質のよい生物学実験の教科書があれば，学生の手引書となるだけでなく，興味のある学生の予習・復習の手助けとなるし，材料の準備や実施上の注意など担当者の労は相当に軽減されると思われる．

　このような観点から現在市販されている実験書を調べてみると，なかなか満足できるものが見つからない．多くの項目を盛りこんだ総合的なものは，担当者の参考にはなっても，1単位の修得を目的にしている学生にもたせるには不要のところが多すぎるし，著名の先生の書かれたものでも，もともと20～30名の人数を想定して書かれたと思われ，多人数を相手にしては準備に手がまわりきれないものなどが目につく．

　こんな不満を抱いているうちに，東海大学出版会から生物学実験の教科書の執筆についてお話があった．そこで東海大学の湘南校舎および沼津校舎で実施した経験をもとに生物学実験のテキストの準備をすすめることになった．ここで取りあげる項目としては次の点に留意して選んだ．

① 　生物学にとって最も基本的な種々の生物を取り扱う際の観察力の養成に重点をおくこと．
② 　学生数が急増し，1クラスの人数が80人をこえても実施可能なものにすること．
③ 　原則として，実験担当者が当日の午前中に準備にかかれば，その日の午後の実験が支障なく行われること．
④ 　1回の実験が，30分以内の実験講義を行ったあと約3時間で終了する内容のものであること．すなわち実験が連続した2コマの授業（100分の授業2回分）で完了するもの．

　このようにして上記の条件にあう項目を，27項目選び，学生の手許におく実験手引書として活用さ

れるように実施上の注意を念いりに加えるとともに，準備をされる担当者へのアドバイスも含め，ようやく脱稿にこぎつけたところである．

　ここまでいたるには東海大学出版会の成田和男氏の熱意にあふれたお世話に負うところが大きい．筆のとぎれがちな我々を温かくリードしていただいたことに深く感謝したい．

　また写真や図の取りまとめに御協力いただいた東海大学，小野信一博士と上野信平博士にも心からのお礼を申しあげる．

　いずれにしろ，この拙著が大学教養課程の生物学実験のために少しでもお役にたてば，著者一同望外の喜びである．

1984.1.31　永井　記

目次

1 植物の形態

実験 I 花の構造と花式図

　植物と総称されるものの中には顕微鏡で見ないとその存在が確認できない微細藻類から, 高さ約100メートルにもなる高木 (例, セコイアオスギ, 北米産) に至るまで多種多様である.

　植物群を分類するには分子遺伝学的手法を用いた遺伝子の解析もあるが, 野外で植物を分類するときは, その植物の形態, 特に生殖器官としての花が重視されることが多い. 生殖のために花を咲かせ種子を形成する植物を種子植物 Spermatophyta (顕花植物 Phanerogamae) という. これに対しコケ植物やシダ植物などを胞子植物 spore plant (隠花植物 Cryptogamae) という. しかし, 研究者によっては花のあるなしだけでなく, 茎の中の維管束などの特徴も含めて, 葉状植物 Thallophyte (紅藻・緑藻・褐藻類など), 茎葉植物 Cormophyte (蘚苔・シダ植物と種子植物) に分けることもある.

　実験で取り上げる種子植物を大別すると次のように分類される.

種子植物 Spermatophyta
　裸子植物 Gymnospermae　　　　ソテツ, イチョウ, マツ, スギ, ヒノキなど
　被子植物 Angiospermae
　双子葉植物類 Dicotyledoneae
　　離弁花類 (亜綱) Archichlamydeae　　　　サクラ, バラ, エンドウなど
　　合弁花類 (亜綱) Sympetalae　　　　ツツジ, アサガオ, キクなど
　単子葉植物類 Monocotyledoneae　　　　ユリ, イネ, ススキ, タケなど

　被子植物では, 有性生殖のための器官である花がどのような構造になっているかが分類の重要な要素となっている.

　花の基本構造は茎に相当する花軸に雌しべ (雌ずい) pistil, 雄しべ (雄ずい) stamen, 花弁 petal, 萼片 sepal がついて形成される. いずれも葉の変形したもの (花葉) と考えられている. 雌しべは先

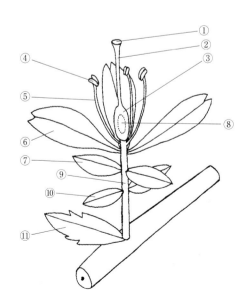

図1　花の基本構造. ①柱頭, ②花柱 style, ③子房, ④葯 anther, ⑤花糸 filament, ⑥花弁, ⑦萼片, ⑧胚珠, ⑨花軸 floral axis, ⑩小苞 bracteole, ⑪苞. ①～③で雌しべ, ④と⑤で雄しべを形成する. 種によっては有るものと無いものとがあるので注意する.

端に花粉を受け取る柱頭 stigma をもち，根元は膨らんで子房 ovary となり，その子房の中に将来種子になる胚珠 ovule を含んでいる．

　花の形態は分類する上での重要な形質であり，雌しべ，雄しべ，花弁，萼片がそれぞれどのように花軸についているかを調べる．花弁と萼がユリの花のように同質同型であるときは両方を合わせて花冠 corolla または花被 perianth という．

　花の構成要素である花葉（雌しべ，雄しべ，花弁，萼）の花軸に対する配列とそれぞれの数を平面に図示したものを花式図 floral diagram という．図2と図3の花の例に示したように，花弁は黒くぬりつぶした弧で，萼は斜線の弧で示し，雄しべは葯の断面の形で，雌しべは子房の断面の形で表わす．また花軸を支えるように苞 bract や托葉 stipule があるときはこれも書き加える．

(1)　**実験材料**
(a)ヤマザクラ *Cerasus jamasakura*
(b)ヤハズエンドウ（カラスノエンドウ）*Vicia sativa*
(c)アキザクラ（コスモス）*Cosmos bipinnatus*
(d)ススキ *Miscanthus sinensis*

(2)　**実験器具**
①スケッチ用具　②カミソリの刃　③ピンセット　④ルーペ

(3)　**実験方法**
(a)ヤマザクラ
①花・葉のついている小枝をスケッチする．このとき花のつけ根にある托葉を見おとさない．葉の基部に蜜腺 nectary があることを確認する．
②花の基部から雌しべを含む面で切り，縦断面図をスケッチする．花の基部の横断面をよく見て花式図を描く．
(b)ヤハズエンドウ（カラスノエンドウ）
①花・葉・茎のそろっている枝をスケッチする．
②花弁をはずし，旗弁 standard，翼弁 wing petal，竜骨弁 keel petal の形態と雄しべの構造を観察する．
③花弁の相対的な位置関係を確めて花式図をつくる．
(c)アキザクラ（コスモス）
①花・葉のついた枝をスケッチする．
②キク科植物の花は集合して頭状花を形成する．花の縦断面をつくり，花のつき方を観察しスケッチする．
③中央部の花1つをとりルーペを用いてスケッチし花式図を描く．
(d)ススキ
①小さな花が多数集まって花穂をつくっている．雄しべの見える花穂を選び，花・茎・葉をスケッチする．
②1つの花を観察してスケッチし，これをもとに花式図を描く．
③葉のへりの部分を生物顕微鏡で観察しスケッチする．

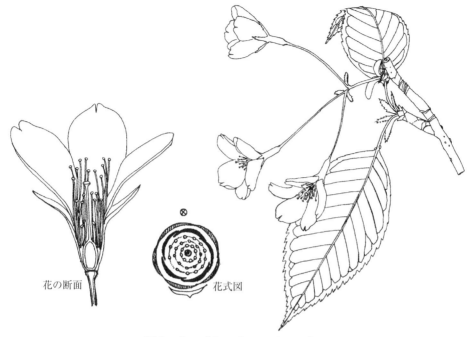

花の断面　　　　　　　　　花式図

図2　ヤマザクラ *Cerasus jamasakura*

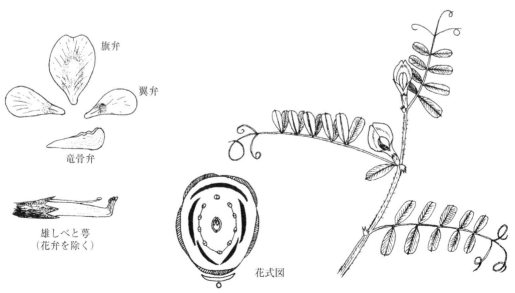

旗弁

翼弁

竜骨弁

雄しべと萼
（花弁を除く）

花式図

図3　ヤハズエンドウ（カラスノエンドウ）*Vicia sativa*

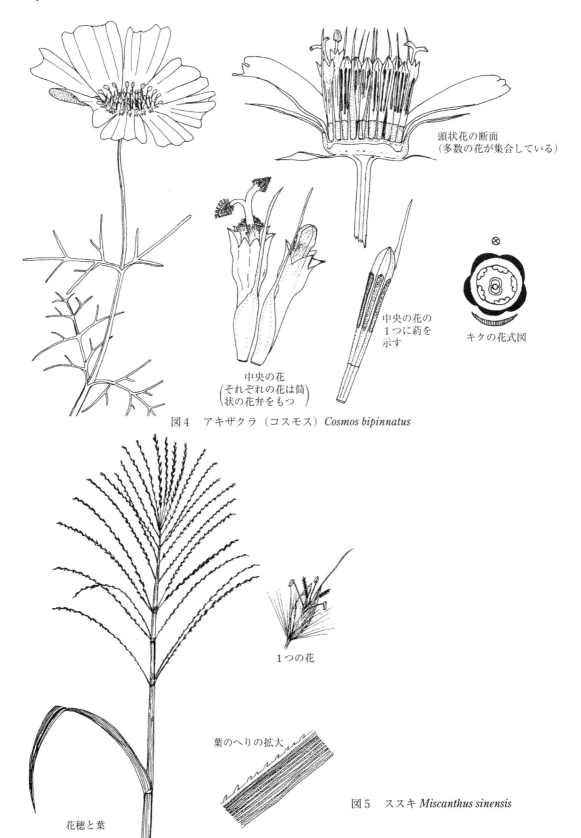

頭状花の断面
（多数の花が集合している）

中央の花の
1つに葯を
示す

キクの花式図

中央の花
（それぞれの花は筒）
状の花弁をもつ

図4　アキザクラ（コスモス）*Cosmos bipinnatus*

1つの花

葉のへりの拡大

花穂と葉

図5　ススキ *Miscanthus sinensis*

実験 Ⅱ　葉序と維管束

1．葉序

　葉が茎についている点を節 node といい，節と節の間を節間 internode という．葉の茎へのつき方を調べてみると，互いに重なり合わないよう，植物の種類によって一定の規則性がある．これを葉序 phyllotaxy という．

　①節に1枚ずつ葉をもつもの：互生 alternate ユリ，セイヨウヒイラギ，サクラなど
　②節に2枚ずつ葉をもつもの：対生 opposite カエデ，ヒイラギなど
　③節に3枚以上の葉をもつもの：輪生 verticillate スギナ，クルマユリなど

　互生の植物でも種類によって葉のつく位置が1つの葉から次の葉に達するまでに茎のまわりを180度（開度1/2ともいう）まわるもの（ササなど），120度（開度1/3）のもの，144度（開度2/5）のものがある．双子葉植物では開度2/5になる場合が多いが，3/8や5/13も知られている．いずれも太陽光を効率よく受けるため，重なり合いを最小にするための働きをもつ．対生の場合も葉と葉を結ぶ線は節ごとに変わるものが多い．

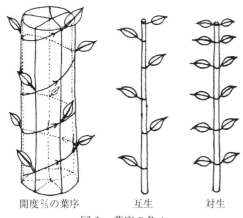

開度⅖の葉序　　互生　　対生
図6　葉序の色々

図7　対生と互生の葉．左：ヒイラギ，右：セイヨウヒイラギ

(1)　実験材料

(a)ヒイラギ *Osmanthus heterophyllus*（モクセイ科 Oleaceae）
(b)セイヨウヒイラギ *Ilex aquifolium*（モチノキ科 Aquifoliaceae）またはマテバシイ *Lithocarpus edulis*（ブナ科 Fagaceae）
(c)ジャガイモ *Solanum tuberosum*（ナス科 Solanaceae）

(2)　実験器具

①スケッチ用具　②ルーペ　③マジックインキ

(3)　実験方法

①植物の葉序を調べ，葉または芽のつき方をスケッチする．
②ジャガイモは地下茎に栄養分を貯えたもので，茎である証拠に葉序がある．根に養分の貯まったサツマイモには葉序はない．ジャガイモの芽の出るところを順に線でつなぐと右巻きまたは左巻

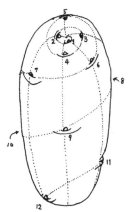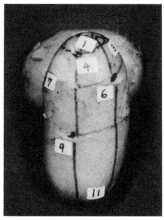

図8　ジャガイモの葉序（芽の配列）．ジャガイモは茎に養分の貯まっ
たものであり，2/5 の葉序がある．

きのらせんが描ける．マジックインクで芽を順につなぎ，規則性のあることを確認する．

2．維管束

被子植物の維管束 vascular bundle は水分の通路の道管 vessel と，主として養分の通路になる師管 sieve tube とがある．道管と師管が茎の中でどのような配列をとるかは植物によって決っている．道管をつくる細胞壁は木化するものが少なくない．このようなものでは道管とそのまわりの組織を含めて木部 xylem という．

樹木として生長する双子葉植物の維管束には木部と師部の間に形成層 cambium のリングをつくり，幹を肥大生長させている．ただし双子葉植物でも一年生の草本植物では，形成層が発達せず肥大生長はない．単子葉植物では髄 pith の中に維管束が不規則に散在するものが多い．なお，トウモロコシやススキの維管束は全体に散らばっているので散在性維管束 diffuse vascular bundle と呼ばれるが，カボチャでは道管を含む木部の内外に師部が見られる．このような維管束は複並立維管束 bicollateral vascular bundle と呼ばれている．

⑴　実験材料

⒜ニホンカボチャ *Cucurbita moschata* の茎（ウリ科 Cucurbitaceae）

⒝トウモロコシ *Zea mays* の茎（イネ科 Poaceae）

⒞ススキ *Miscanthus sinensis* の茎（イネ科 Poaceae）

⑵　実験器具

①スライドグラス　②カバーグラス　③カミソリの刃　④70％アルコール　⑤スポイト　⑥生物顕微鏡　⑦実体顕微鏡

⑶実験方法

①材料のカボチャやトウモロコシの茎は新しい生のものでも，70％アルコールに浸しておいたものでもよいが，いずれもよく切れるカミソリの刃で，薄く輪切りにして茎の断面を観察する．

②アルコール漬けの材料の場合は気泡が入りやすいのであらかじめシャーレに水を入れておき，切

りだした茎の薄片はただちに水の中に沈める．これをスライドグラス上にのせ，水を1滴落とし
てからカバーグラスをかぶせて顕微鏡で観察する．

ⅰ)まず実体顕微鏡で見て茎の断面全体に維管束がどのように配列しているかをスケッチする．

ⅱ)次に生物顕微鏡を用いて1つの維管束を倍率を上げて観察し，道管・師管・柔組織 parenchyma をスケッチの上に示す．茎の切片は100〜150倍での観察でもよい像が得られるよう十分に薄くつくること．

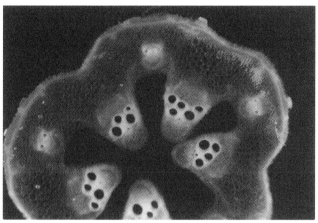

図9　双子葉植物であるカボチャの茎の拡大写真

図10　単子葉植物であるトウモロコシの茎の拡大写真

2　無脊椎動物

実験Ⅰ　ハマグリの解剖

　ハマグリは軟体動物門 Mollusca に属する二枚貝の仲間である．軟体動物には非常に多くの種が含まれ記載済のものだけで11万種にもおよぶ．一般に左右相称で柔軟な筋肉質の体をもち，体表に石灰質の殻 shell を分泌しているものが多い．巻貝は例外で二次的に体がねじれ，不相称となっている．

　普通の軟体動物は頭部 head，足部 foot，内臓嚢 visceral sac および外套 mantle の4つの部分からなり，二枚貝では頭部は退化したと考えられている．

　軟体動物の主なものには次のような4つの綱がある．

①多板綱 Polyplacophora　ヒザラガイなど．
②腹足綱 Gastropoda　サザエ・アワビ・カタツムリなどの巻貝とウミウシなど．
③二枚貝綱 Bivalvia　斧足類 Pelecypoda ともいい，ハマグリ，ホタテガイなど．
④頭足綱 Cephalopoda　頭部が腕部と内臓嚢の間にある．イカ・タコの仲間．

　発生は，まずトロコフォーラ trochophora 幼生からはじまりベリジャー veliger 幼生に変態して成長する．水産上重要な種類も多い．

(1)　実験材料

ハマグリ *Meretrix lusoria*，チョウセンハマグリ *M. lamarcki*

(2)　実験器具

①解剖用マット　②解剖バサミ　③ピンセット　④メス（カッターナイフ）　⑤木片（割ばし）
⑥海水

(3)　実験方法

(a)外部形態のスケッチ

①軟体動物は左右相称であるから，前後，左右，上下が決っている．二枚の貝が蝶つがいのように接しているところが殻頂であり，これを頂点として，側方から見るとやや膨らんだ不等辺三角形をしている．短い方が前縁となり，長い方が後縁である．

②ハマグリの左殻をスケッチして，図上に次の項目の位置を示せ．(1)殻頂 umbo　(2)前端 anterior end　(3)後端 posterior end　(4)前背縁 antero-dorsal margin　(5)後背縁 postero-dorsal margin　(6)腹縁 ventral margin　(7)靱帯 ligament

(b)内部形態（殻内）のスケッチ

①生きているハマグリを海水（人工海水または3％食塩水でも代用できる）に浸し，入出水管を出すため殻が開くのを待つ．隙間が開いたら殻の間に木片（割ばしなど）を差し込み殻を密閉できなくする．

②殻が開かないときは，海水を温め60〜70℃にしたものを少しずつ加えてよくかきまわし，最終的に40℃くらいにする．殻を開くまでに少し時間がかかるがほとんどのものが殻を開け木片を挟むことができる．木片を挟んだらもとの常温の海水に戻しておく．

③メスを差し込み，閉殻筋を切断する．このときメスは貝殻と外套膜の間，すなわち貝殻の内面に
　沿って差し込み，外套膜や鰓を傷つけないように注意する．刃物もメスよりはカッターナイフの
　ようなものの方が使いやすい．

④閉殻筋 adductor muscle は前後に 2 か所ある．できるだけ貝殻に近いところで切断し，軟らかい
　体の部分を破損しないようにする．

⑤閉殻筋を切断したのち，左側の貝殻を持ち上げれば外套膜に包まれた内臓囊と足部は右側の殻に
　残る．外套膜は薄い膜状のものでできているが，膜縁に近いところは肥厚して筋肉性になってい
　る．

⑥内部の観察のため，外套膜をつまみ，静かにハサミを入れて切り取る．このとき，入水管・出水
　管付近は残し，鰓や唇弁を傷つけぬようていねいに剝がしながら切り，左外套膜は殻頂付近まで
　除去する．

⑦外套膜の下に見える内臓および足部を観察し，次の各部の位置をスケッチで示す．

　　(1)前閉殻筋 anterior adductor muscle　(2)後閉殻筋 posterior adductor muscle　(3)入水管 inhalent
siphon　(4)出水管 exhalent siphon　(5)唇弁 labial palp　(6)足 foot　(7)内鰓 inner gill　(8)外鰓 outer
gill　(9)外套膜 mantle　(11)主歯 cardinal tooth　(12)靱帯 ligament　(20)ボヤヌス器官 Bojanus' organ
(21)心臓 heart

(c)　消化管のスケッチ

①鰓と足部の表皮を除去し，唇弁のつけ根にある口から消化管をたどって，どのような走行をして
　いるかをたどる．消化管が口からはじまり，中腸腺 midgut gland を通りやや太くなっていると
　ころが胃である．胃を含めて筋肉質の足の基部を探り，どのような走行になっているかを調べる．
　消化管は足の後方で上に上がり，生殖巣付近を通って心囊内の心臓に達し，心室の中を通過して
　出入管の基部の総排泄腔 cloaca に肛門 Anus が開口する．

②口と前閉殻筋の間を探すと橙色の点状のものが見つかる．これを脳神経節 cerebral ganglion と
　いう．消化管が屈曲している付近の足部にも足神経節 foot ganglion があるから確認しておく．

③口から肛門までの消化管と中腸腺，心囊，生殖巣（卵巣 ovary または精巣 testis）をスケッチし，
　確認できた神経節を書き込む．

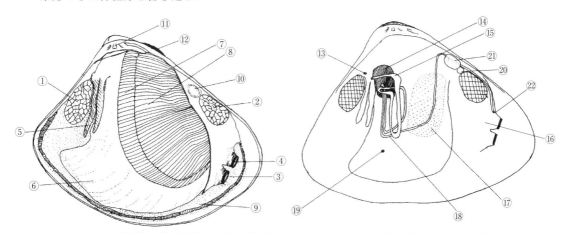

図11　ハマグリの内部形態．①前閉殻筋，②後閉殻筋，③入水管，④出水管，⑤唇弁，⑥足，⑦鰓（内鰓），
　　⑧鰓（外鰓），⑨外套膜，⑩心囊，⑪主歯，⑫靱帯，⑬脳神経節，⑭中腸腺，⑮胃，⑯総排泄腔，
　　⑰生殖巣，⑱腸，⑲足神経節，⑳ボヤヌス器官，㉑心臓（心室），㉒肛門

実験 II　ミミズ（フツウミミズ）の観察

　ミミズは落葉や枯草の多い軟らかい土の中に普通に見られる環形動物である．有機質の多い堆肥場などにはシマミミズ *Eisenia fetida* がよく見られる．これは釣りの餌としておなじみのものである．環形動物には海産の多毛類 Polychaeta（ゴカイ・イトメの類）やヒル類も含まれる．いずれもたくさんの体節からできている．ミミズ類は体節に長い毛はなく，表面は光沢のあるクチクラ cuticula 層でおおわれている．この実験では外部形態および解剖してから内部形態の観察を行う．

⑴　**実験材料**
　ミミズ（フツウミミズ）*Amynthas communissima*

⑵　**実験器具**
①解剖用マット　②解剖バサミ　③ピンセット　④虫ピン（約10本）　⑤実体顕微鏡またはルーペ

⑶　**実験方法**
①まず水洗し，麻酔する．麻酔は，30％エタノールで行うが，このときミミズをバットなどの平たい容器に入れ，ミミズが浸るぐらいに水を入れておき，これに小量ずつ，70％アルコールを加えてゆき，液量を2倍にすればほぼ30％エタノールになる．ミミズは徐々に動きが緩慢になってゆくからガラス棒を2本沈め，両側からミミズを挟むようにすると後の観察に都合がよい．
②［外部形態の観察］まず体節数を計測する．次にルーペで各体節の中央に環状の剛毛線 chaetal line があることを確め，さらに環帯付近に受精嚢孔 spermathecal pores，雌性生殖孔 female genital pore，背孔 dorsal pore のあることを確認してから，外部形態をスケッチする．
③［内部形態の観察］材料を虫ピンで解剖用マットにとめる．このとき先端と肛門あたりに虫ピンを刺してとめ，背側を上にする．環帯の背側中央からハサミを入れ，背中側の正中線を切開する．表皮のすぐ下を消化管や血管が走っているから，切開は慎重にやらなければならない．特に環帯より下方では消化管が太くなり，傷つけやすいから十分に気をつけて切開する．切開した表皮は左右に拡げて虫ピンでとめておき，先端部分（口から30節付近まで）をスケッチし，以下の各項の位置を図示する．⑴囲口節 peristomium　⑵受精嚢 receptacle　⑶砂嚢 gizzard　⑷貯精嚢 seminal vesicle　⑸環帯 clitelum　⑹心臓 heart　⑺背血管 dorsal blood vessel　⑻前立腺 prostate　⑼腸 intestine　⑽腸盲嚢 diverticula

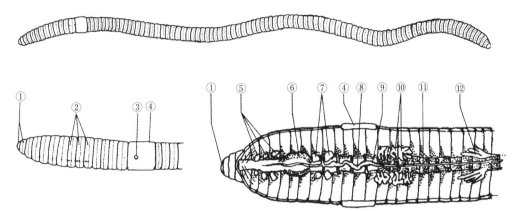

図12 フツウミミズの外部形態と内部形態. ①囲口節, ②受精嚢孔, ③雌性生殖孔, ④環帯, ⑤受精嚢, ⑥砂嚢, ⑦貯精嚢, ⑧心臓, ⑨背血管, ⑩前立腺, ⑪腸, ⑫腸盲嚢

3　脊椎動物 I

脊椎動物 Vertebrata は内骨格をもち，体の軸になる脊椎骨をもつ動物群である．魚類 Pisces のほかに両生類 Amphibia，爬虫類 Reptilia，鳥類 Aves，哺乳類 Mammalia が含まれ，分類学的には 1 つの門 Phylum を構成している．この実験では，カエル・魚を材料として脊椎動物の体制を理解する．特に解剖学的見地から器官・器官系の形態的観察を行い，諸器官の構造と機能を関連づけて理解する．ここでは外部形態，内臓および骨格系について観察する．

実験 I　カエルの解剖

⑴　実験材料
ニホンヒキガエル *Bufo japonicus japonicus* またはトノサマガエル *Pelophylax nigromaculatus*

⑵　実験器具
①解剖用マット　②解剖バサミ　③虫ピン　④脱脂綿　⑤麻酔容器　⑥二酸化炭素

［実験 I－1　外部形態および内臓の観察］

実験方法

カエルをやや大形の容器の中に入れ，二酸化炭素ガスを用いて，10〜20分間かけて窒息させる．容器から取り出したカエルは十分水洗して用いる．

⒜外部形態の観察

カエルを背面を上にして解剖用マットにのせ，形を整える．四肢は軽く曲げ，指（趾）は拡げて虫ピンでとめる．次の点に留意して観察し，背面から全形をスケッチする．

①左右相称で頭 head，胴 trunk，前肢 fore limb，後肢 hind limb からなる．ヒキガエルでは背面に毒腺が見られる．

②頭部には外鼻孔 external nares，眼 eye，耳 ear がある．眼には瞬膜 nictiating membrane があり，これを開くと角膜 cornea，虹彩 iris，瞳孔 pupil が観察できる．耳は外耳がなく鼓膜 tympanic membrane が露出している．

③胴部後端には肛門 anus が開口する．

④前肢，後肢は対応する 5 つの部分からなる．前肢の指 finger は 4 本，後肢の指（趾）toe は 6 本であることに注意する．また，後肢では蹼が発達している．

⑤トノサマガエルの場合は雄の下顎 lower jaw の基部に鳴嚢 vocal sac があり，また雄の第 II 指基部内側が肥厚し（拇指隆起 thumb pad），雌雄を容易に区別できる．

⒝内臓の観察

腹面を上にして解剖用マットにのせ，四肢を虫ピンで固定する．下腹部の皮膚をピンセットで軽くつまみ，ハサミを入れ，切り口をつける．切り口にハサミの一方の先端を挿入し，吻まで切り上げる．さらに胸部と腹部下方で左右にハサミを入れ，皮膚を左右に拡げて虫ピンでとめる．同様にして筋肉を切り開くが，筋肉を開く場合は中央を体軸に沿って走る前腹静脈を切断しないように正中線のかなり右か左を切り上げるようにする．また，胸部をおおう骨格（胸帯）は心臓を傷つけないよう注意しながら切断する．内臓が十分観察できるよう，筋肉は左右にいっぱいに拡げて虫ピンで固定する．

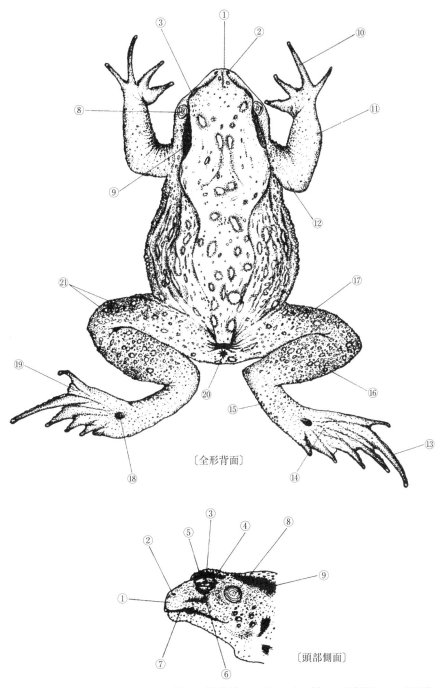

〔全形背面〕

〔頭部側面〕

図13　ヒキガエルの外部形態．①吻，②外鼻孔，③眼，④瞬 膜，⑤上 眼瞼，⑥下眼瞼，
⑦口，⑧鼓膜，⑨耳旁腺，⑩指，⑪前腕，⑫上 腕，⑬足指（趾），⑭足底（蹠），
⑮足 根（跗），⑯下腿（脛），⑰大腿（股），⑱外蹠 隆 起，⑲蹼，⑳肛門，㉑皮
膚腺

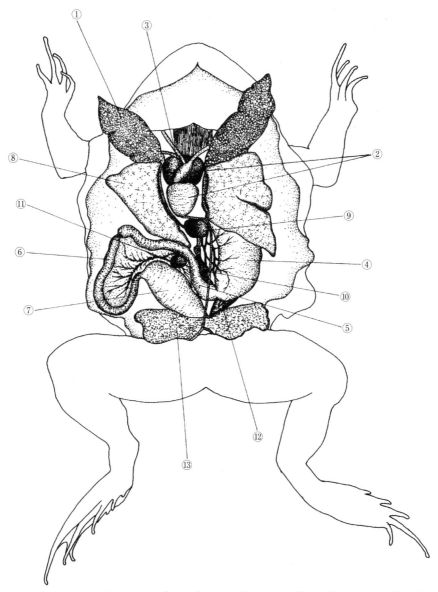

図14　ヒキガエルの解剖全図．①肺，②心臓，③動脈幹，④胃，⑤十二指腸，⑥小腸，
⑦直腸，⑧肝臓，⑨胆嚢，⑩膵臓，⑪脾臓，⑫腎臓，⑬膀胱

①**解剖全図**　まず，各臓器の名称と位置を確認する．ピンセットを使って臓器を移動しながら，特
　に器官と器官のつながりに留意し，全体をくまなく観察する．心臓 heart は心嚢 pericadium に
　包まれているので，心嚢を破り，心臓を露出させてみる．最後に各器官を正しい位置に配置しな
　おし，全体をスケッチする．

②**消化器官系** digestive system　消化管を直腸 rectum の末端と食道 esophagus で切断し，消化器
　官系のみを摘出する．このとき泌尿生殖系を一緒に摘出しないよう注意する．また腸間膜
　mesentery は破らない．各器官のつながりがよくわかるように配置し，スケッチする．

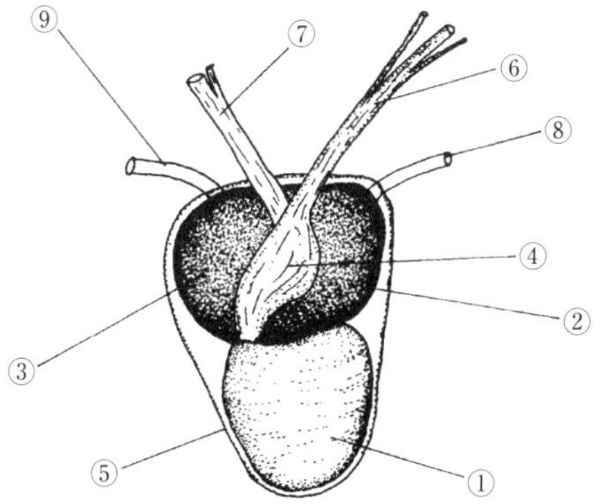

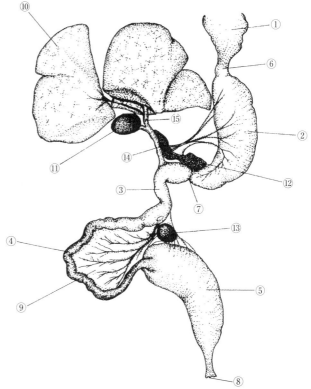

図15 ヒキガエルの心臓（腹面）．①心室，
②左心房，③右心房，④動脈円錐，
⑤心囊，⑥左動脈幹，⑦右動脈幹，
⑧左上大静脈，⑨右上大静脈

図16 ヒキガエルの消化器官系．①食道，②胃，③十二指腸，
④小腸，⑤直腸，⑥噴門部，⑦幽門部，⑧肛門，⑨腸
間膜，⑩肝臓，⑪胆嚢，⑫膵臓，⑬脾臓，⑭胆管，⑮
肝管

③**泌尿生殖系** excretory and genital organ　消化器官系を摘出後，腹部背側に位置する排出器
excretory organ と生殖器 genital organ が残る．腎臓 kidney，副腎 adrenal gland，精巣 testis ま
たは卵巣 overy，脂肪体 fat body などの位置関係がわかるように配置し，スケッチする．
　季節によっては雌の卵巣が極めてよく発達していて排出系が見えない場合がある．このような
ときはどちらか一方の卵巣を除去して観察するとよい．

［実験 I － 2 骨格系の観察］

実験方法

①カエルをよく水洗し，まず全身の皮膚を完全に剥ぎ取る．次に大まかに筋肉を解剖バサミで切り
落とす．熱湯で煮沸し，筋肉が白く変色したら取り出し，細部の筋肉をたんねんに取り除いてい
く．熱湯に浸す時間は短めにして「煮沸―筋肉除去」の作業を繰り返し行う．骨格は各所ではず
れてある程度バラバラになるが，骨格系の全体をしっかり把握していればあとで組立てられる．

②カエルの骨格は大別して，頭骨 skull，脊柱 Vertebral column，胸帯 pectoral girdle，腰帯
pelvicgirdle，四肢骨 limb skeleton に分けられるが，実験 I － 1 の内臓の観察に使用した材料を
用いた場合は胸帯中央の部分が体軸方向に切断されていることに注意し，全体を組み立てる．骨
格標本が完成したら背面から全体をスケッチする．

16

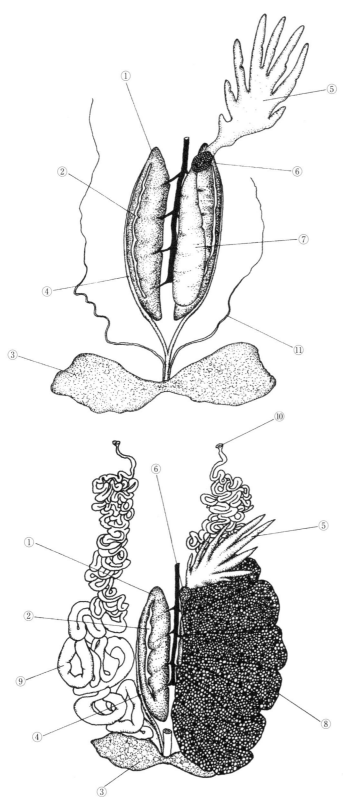

図17　ヒキガエルの泌尿生殖系．上が雄，
　　　下が雌．①腎臓，②副腎，③膀胱，
　　　④尿管，⑤脂肪体，⑥ビッデル氏
　　　管，⑦精巣（睾丸），⑧卵巣，
　　　⑨卵管，⑩卵管漏斗，⑪ミューレ
　　　ル氏管

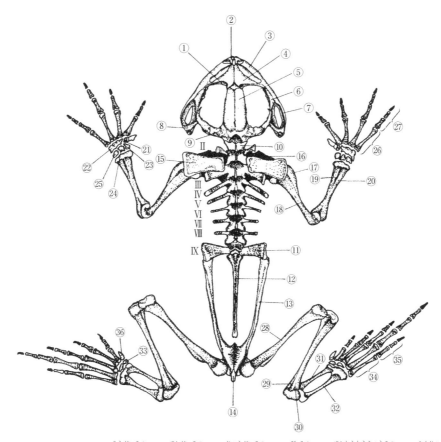

図18　ヒキガエルの骨格系. ①口蓋骨, ②前顎骨, ③上顎骨, ④鼻骨, ⑤前頭頭頂骨, ⑥翼状骨, ⑦方頬骨, ⑧鱗状骨, ⑨前耳骨, ⑩環椎(第1椎骨), ⑪仙骨, ⑫尾骨, ⑬腸骨, ⑭坐骨, ⑮上肩甲骨, ⑯鎖骨, ⑰上腕骨の三角隆起, ⑱上腕骨, ⑲橈骨, ⑳尺骨, ㉑第1手根骨, ㉒第2～第5手根骨, ㉓橈腕骨, ㉔間腕骨, ㉕尺腕骨, ㉖中手骨, ㉗指骨, ㉘大腿骨, ㉙脛骨, ㉚腓骨, ㉛距骨, ㉜踵骨, ㉝足根骨, ㉞中足骨, ㉟足指骨, ㊱番外指骨, Ⅱ～Ⅸ椎骨

実験 II　魚類の解剖

(1)　実験材料

マサバ *Scomber japonicus*　　　D. IX 〜 X−I，11〜12＋5
ゴマサバ *S. australasicus*　　　D. XI 〜 XII−I，11〜12＋5

(2)　実験器具

①解剖用マット　②解剖バサミ　③ピンセット　④虫ピン　⑤定規

(3)　実験方法

(a)外部形態の観察・計測とスケッチ

①全長・体長を計測する（単位 mm）．図19に示したように魚類の体の長さには次の3種類の計り
　方がある．
　　ⅰ全長（total length）　：吻端より尾鰭末端（a より d）まで．
　　ⅱ尾叉長（fork length）：吻端より尾鰭上下葉の後縁の接合点（a より c）まで．
　　ⅲ体長（body length）　：吻端より脊椎骨末端（a より b）まで．
　脊椎骨末端は鱗のある表皮と尾鰭の境界ではないから尾鰭を屈曲させて b 点を確認する．body
length のことを標準体長 standard length ともいう．
　尾鰭は破損しやすいので体長が一番よく用いられる．各自の材料について全長と体長を計測せよ．
②次に鰭の観察を行う．鰭には左右に対をなす対鰭 paired fin と単独の不対鰭 unpaired fin がある．
　対鰭には胸鰭 pectral fin と腹鰭 pelvic fin または vental fin があり，背鰭 dorsal fin，臀鰭 anal fin，
　尾鰭 caudal fin の3つは不対鰭である．
　　鰭には鰭条 fin ray があるが，これには2種類あって，硬い棘条 spine と関節のある軟条
　softray に分けられる．鰭条数は分類学上も重要な項目とされ，通常鰭式で表わす．この時，棘
　条はローマ数字で，軟条はアラビア数字を用いる．さらに小離鰭 fin let の数を最後に付記する．
　例えば D. X−I，12＋5 は第1背鰭10棘条，第2背鰭は1棘条の次に12軟条がつづき，その後ろ
　に小離鰭が5枚あることを表わしている（D は背鰭を示す）．
　　各自の材料について背鰭の鰭条数を調べ鰭式を書きなさい．
③以上の計測が終了したら外部形態をスケッチし次の各項の位置を示せ．なおこの際，鰭条数を見
　やすくするため虫ピンなどで鰭を立ててスケッチを行うとよい．(1)上顎 upper jaw　(2)下顎
　lower jaw　(3)鰓蓋骨 opercle　(4)肛門 anus　(5)鼻孔 nostril　(6)眼 eye　(7)第1背鰭 1st dorsal fin
　(8)第2背鰭 2nd dorsal fin　(9)臀鰭 anal fin　(10)尾鰭 caudal fin　(11)胸鰭 pectral fin　(12)腹鰭 pelvic
　fin または ventral fin　(13)小離鰭 fin let　(14)棘条 spine　(15)軟条 soft ray　(16)側線 lateral line

(b)内臓のスケッチ

①腹部の正中線上に小さな切り込みをつくり，この切り口を前後に切開し，内臓を傷つけないよう
　に注意しながら腹腔の左壁を切除する．次に左鰓蓋骨も切除し鰓も露出させる．鰓は傷つきやす
　いので細心の注意をはらう．
②次の臓器の位置と形を確認し，内臓のスケッチを行う．
　　(1)鰓耙 gill raker　(2)鰓弓 gill arch　(3)鰓弁 gill filament　（4 〜 7）心臓 heart　(4)静脈洞 sinus
　venosus　(5)心房 atrium　(6)心室 ventricle　(7)動脈球 bulbus arteriosus　(8)肝臓 liver　(9)脾臓

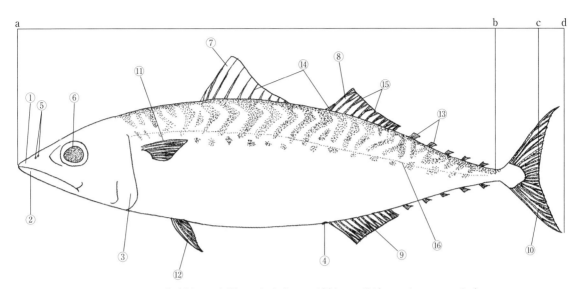

図19 マサバの外部形態. ①上顎, ②下顎, ③主鰓蓋, ④肛門, ⑤鼻孔, ⑥眼, ⑦第1背鰭, ⑧第2背鰭, ⑨臀鰭, ⑩尾鰭, ⑪胸鰭, ⑫腹鰭, ⑬小離鰭, ⑭棘条, ⑮軟条, ⑯側線

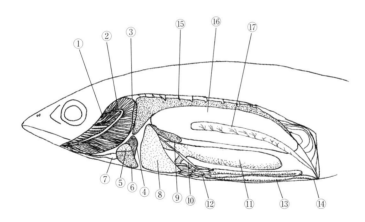

図20 マサバの内部形態. ①鰓耙, ②鰓弓, ③鰓弁, ④静脈洞, ⑤心房, ⑥心室, ⑦動脈球, ⑧肝臓, ⑨脾臓, ⑩胆囊, ⑪胃, ⑫幽門垂, ⑬腸, ⑭肛門, ⑮腎臓, ⑯鰾, ⑰生殖腺 (卵巣, 精巣)

spleen ⑽胆囊 gall bladder ⑾胃 stomach ⑿幽門垂 pyloric caecum ⒀腸 intestine ⒁肛門 anus ⒂腎臓 kidney ⒃鰾 gas bladder ⒄生殖腺 gonad (雌なら卵巣 ovary, 雄なら精巣 testis)

③内臓のスケッチが終了したら, 4枚ある鰓弓のうちの外側の1つを取しはずし, 実体顕微鏡で見ながらスケッチする. 鰓弓から鰓耙がどのように出ているか, 鰓耙と鰓弁はそれぞれ何本ずつあるかをスケッチで示す.

4　脊椎動物 II

　ハツカネズミ *Mus musculus* の属する哺乳類は脊椎動物 Vertebrata の中で最も分化の進んだ動物とされている．この理由は，まず体表が毛でおおわれ体温保持に優れ恒温性であることがあげられる．心臓は 2 心房 2 心室で肺循環と体循環の血液は混合することなく，血液は無核の赤血球を含むが，これは酸素の担体として最も優れている（鳥類以下は有核の赤血球）．血管系のほかにリンパ管系をもち，リンパ節が発達し，精巧な免疫機構をもつ．

　このほか単孔類以外は総排泄口 cloaca をもたず，尿，生殖口と肛門は別々に開口する．神経系では脳の発達が著しい．感覚器では嗅覚がよく発達するが，サル目（霊長目）は例外で，視覚がよく発達しているのに嗅覚の発達はよくない．

　一般に胎生で，雌は生殖器官の中に子宮をもち，この中で十分に発達した子を産み，出産後は哺乳によって子を育てる．

⑴　実験材料
ハツカネズミ *Mus musculus*（実験用マウスを使用するため，以下マウスと記載する）

⑵　実験器具
①解剖用マット　②外科用バサミ　③眼科用バサミ　④ピンセット大・小　⑤虫ピン約10本　⑥スライドグラス　⑦ダイヤモンドペン　⑧ガーゼ　⑨メチレンブルー液

実験 I　マウスの解剖と内臓の観察

⑶　実験方法
⒜解剖
①解剖に先だちマウスは二酸化炭素ガスを用いて窒息死させ，ただちに使用する．マウスの心臓の搏動(はくどう)が停止しているか否かを確かめる．

②外部生殖器を見て雌雄の判別をする．外傷や腫瘍があるかないかも観察しておく．

③腹を上にして虫ピンで手首とアキレス腱の内側を刺して解剖用マットに固定する．そして皮膚を見やすくするため腹部正中線の毛をできるだけ短く刈り正中線付近はガーゼでふく．

④腹部の皮膚をピンセットでつまみ小さく切り込みをつくり，ここから眼科用バサミを入れ図22の番号にしたがって皮膚を切開し，筋肉層を露出させる．このとき，皮膚と筋肉の間をつないでいるセロファン膜のような結合組織の一部をとり，スライドグラスの上に薄く拡げて伸展標本をつくっておく．

　また，後肢のつけ根にある鼠蹊(そけい)リンパ節 inguinal lymph node，または腋窩(えきか)リンパ節 axillary lymph node を探し，これをスライドグラスの上にぬりつけ塗抹標本をつくる．これは後に内臓の胸腺 thymus，腸間膜リンパ節 mesentery lymph node の塗抹標本と合わせてメチレンブルー液で染色して顕微鏡観察を行う．

⒝内臓の観察
①皮膚を切開したときと同様に腹膜を切開する．胸部は軟骨と肋骨の一部をともに切り取り，内臓を露出させる．内臓，特に膀胱は軟らかく傷つきやすいので細心の注意を払う．

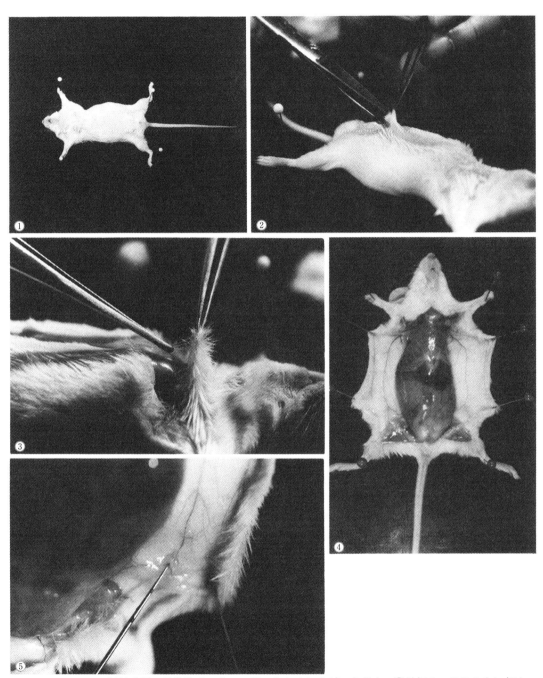

図21-A　マウスの解剖手順．①後肢はアキレス腱のところに虫ピンを刺す．②最初のハサミの入れ方は，皮膚をピンセットでつまみ，眼科用バサミで水平に切り取る．③皮膚と筋肉の間の結合組織を伸展標本にする．④腹部の皮膚を切開し，腹部の筋肉を露出させたところ．⑤鼠蹊部リンパ節の位置．

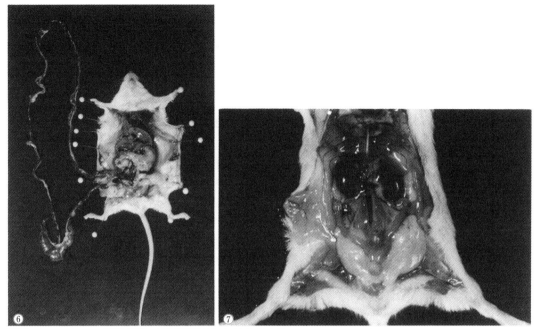

図21-B　マウスの解剖手順．⑥腸間膜を切り消化管を伸ばしたところ．盲腸が大きい点に注意．⑦雌の生
殖器系

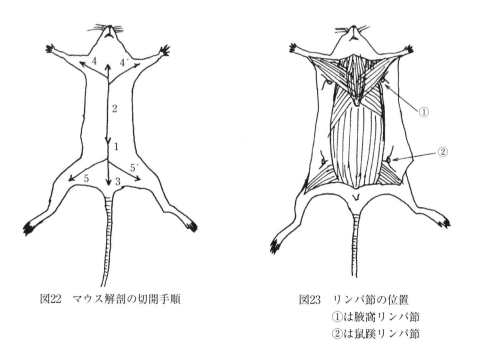

図22　マウス解剖の切開手順

図23　リンパ節の位置
　　　①は腋窩リンパ節
　　　②は鼠蹊リンパ節

②次の臓器をスケッチする.⑴胸腺 thymus　⑵心臓 heart　⑶肺 lung　⑷肝臓 liver　⑸横隔膜 diaphragm　⑹胆嚢 gall bladder　⑺膵臓 pancreas　⑻胃 stomach　⑼脾臓 spleen　⑽腎臓 kidney　⑾十二指腸 duodenum　⑿小腸 small intestine　⒀盲腸 blind intestine　⒁直腸 rectum　⒂大腸 large intestine　⒃膀胱 urinary bladder　⒄精巣 testis（雌の場合は子宮 uterus および卵巣 ovary）　⒅脂肪体 fat body

③小腸を探り腸間膜 mesentery を調べる.小腸からでた静脈が腸間膜上で集合し,太い門脈 portal vein となって肝臓に入ること,門脈付近の腸間膜には腸間膜リンパ節があることを確認する.リンパ節の一部をとって塗抹標本をつくる.門脈と肝臓とのつながり方は,下大静脈の一部に傷をつけて放血できるようにしておき,注射器で生理食塩水を門脈から注入すると,肝臓が灌流されて順に黄白色に変色していくことから判断できる.

④腸間膜を取りはずしながら消化管を食道から直腸までたどる.脾臓,胆嚢などとのつながり方を調べて消化器系の図をつくる.

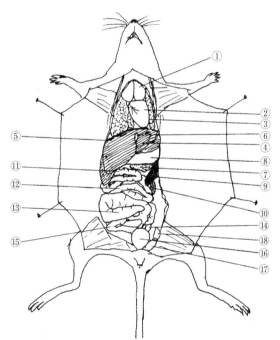

図24　マウスの腹面解剖図.①胸腺,②心臓,③肺,
④肝臓,⑤横隔膜,⑥胆嚢,⑦膵臓,⑧胃,
⑨脾臓,⑩腎臓,⑪十二指腸,⑫小腸,⑬盲腸,
⑭直腸,⑮大腸,⑯膀胱,⑰精巣,⑱脂肪体

(c)泌尿生殖器系 urogenital system の観察

①腹腔背側にある腎臓や生殖器のスケッチを行う.

②自分の材料が雄か雌かを確かめて, 以下に示す各部位の配置をスケッチする.

　[雄の場合] 　①腎臓 　②副腎 adrenal body 　③尿管 ureter 　④膀胱 　⑤精巣（睾丸）　⑥精管 spermatic duct 　⑦副睾丸 epididymis 　⑧貯精嚢 seminal vesicle 　⑨尿生殖口 urogenital pore ⑬脂肪体

　[雌の場合] 　①〜④は同じ 　⑩卵巣 　⑪卵管 oviduct 　⑫子宮 　⑬脂肪体 　⑭外尿道口 urinary pore 　⑮陰門 genital pore

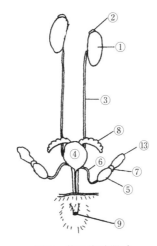
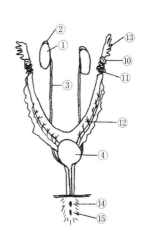

図25　雄の生殖器系　　　　　　　　　図26　雌の生殖器系

(d)伸展標本と塗抹標本

①標本は完全に乾かしてからレフレルのメチレンブルー液を入れてある染色バットに約10秒間入れて染め, 次に水洗して余分な染色液を洗い流して乾燥させる.

②リンパ節は青色に濃く染まる. 脂肪などを間違えてぬっていれば, あまり濃く染まらない. 標本の検鏡はあとで行うので各自の番号（氏名）を書いたラベルをはって提出する.

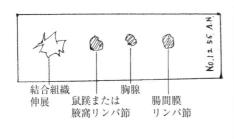
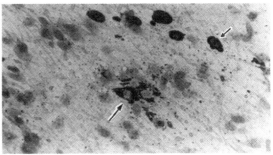

図27　伸展標本とリンパ節塗抹標本の作り方. 右の写真はハツカネズミの皮下結合組織の伸展標本
　　　（メチレンブルー染色. 矢印は肥満細胞 mast cell を示す）

観察後の注意

　内臓の観察に用いた材料は虫ピンを抜き，内臓を切除し，血液をよく水で洗い流して指定された場所に置く．水で洗うときは頭蓋骨と脊椎骨を折らないように注意する．脱灰して次回の神経系の観察に使用する．

実験 II　マウスの神経系の観察

　哺乳動物の体をより詳しく調べるためには，前回行った内臓のほかに筋肉系，血管系，骨格系などたくさんあるが，すべてを行う余裕はないので，今回は哺乳類でよく発達している神経系について実習する．神経系は大別すると，次の 2 つになる．

　①中枢神経系 central nervous system　②末梢神経系 peripheral nervous system

　中枢神経には脳 brain と脊髄があり，末梢神経には脳から出る脳神経 cranial nerve（ヒトの場合12対）と脊髄から出る脊髄神経 spinal nerve（ヒトの場合31対）および自律神経系 autonomic nervous system がある．自律神経は交感神経 sympathetic nerve と副交感神経 parasympathetic nerve とに分かれ，互いに拮抗的に働く．例えば交感神経は心臓の鼓動を激しくさせるが，副交感神経はこれをおさえる働きをもち，器官の働きのバランスをとっている．中枢神経の脳は大脳半球，嗅葉，小脳，延髄などの部分に分かれ，それぞれ支配する役割が異なっている．

実験方法

　①マウスの脳の背面スケッチの作成，脳下垂体の存在の確認，下肢の座骨神経のスケッチを行う．
　②脱灰済のマウスの背中の皮膚を除去する．眼の周辺や鼻先は注意する．

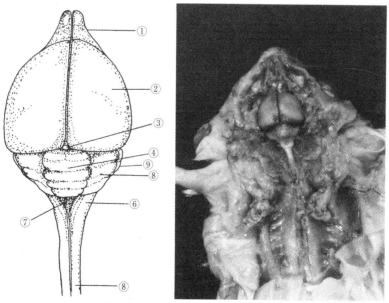

　図28　マウスの脳の背面図．右の写真は頭蓋骨を除去したところ．①嗅葉，②大脳半球，③松果体，④小脳虫部葉 cerebellum vermis lobe，⑤小脳側葉 cerebellum lateral lobe，⑥延髄，⑦菱形窩 rhomboidal fossa，⑧脊髄 spinal cord，⑨小脳片葉 cerebellum floccular lobe

③後頭部と首の背側の筋肉をピンセットの先で剥がして，頭蓋骨と脊椎骨 vertebra を露出させる．頭蓋骨の背側から小さな切れ込みをつくり，少しずつ頭蓋骨を剥がして脳を露出させる．脳は非常に軟らかい組織なので潰さないように十分注意する．

④骨は先端の鼻のつけ根まではずす．次に脊髄の背側の骨を切除し脊髄の背面を露出させる．

⑤脳の背面スケッチを描き，次の位置を示す．⑴嗅葉 olfactory lobe　⑵大脳半球 cerebral hemisphere　⑶小脳 cerebellum　⑷延髄 medulla oblongata　⑸松果体 pineal body（見えない場合には示さなくてよい）

　大脳と小脳の間には中脳 mesencephalon があるが背面側からはほとんど見えない．大脳はさらに前頭葉 frontal lobe，頭頂葉 pariental lobe，側頭葉 temporal lobe に分けられている．

⑥背面の観察が終ったら脳の先端を持ち上げて腹側を観察する（先端は一部つぶれる）．腹側に下垂体 hypophysis と視神経交叉 optic chiasma があることを確かめる．下垂体は間脳から腹側に突出した部分で，ホルモンの分泌をコントロールする重要な部位である．

⑦下肢の座骨神経 sciatic nerve をスケッチする．大腿部背側から筋肉を徐々に除去してゆくと，大腿骨 femur に並んで白い糸状の座骨神経がある．この神経が脊髄のどの位置から出ているか，どの部分で腹腔へはいってゆくのかを調べる．また膝下の筋肉，特に腓腹筋 musculus gastrocnemius までつらなっていることを確認する．

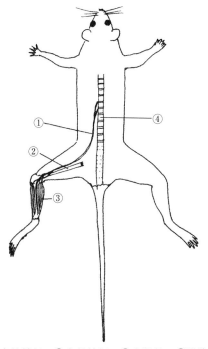

図29　下肢の座骨神経．①座骨神経，②大腿骨，③腓腹筋，④脊椎骨

5 顕微鏡の使い方

　顕微鏡が考案されたのは1590年でオランダ人ヤンセン父子によるものとされている．以後種々の改良が加えられ今日のような多くの種類の顕微鏡が見られるようになった．しかも生物学の発展には欠くことのできない機器であり，現在でもその重要性は変っていない．

　顕微鏡の種類としては次のものがある．光学顕微鏡は光をレンズによって屈曲させ拡大した像をつくらせるもので，単眼，双眼生物顕微鏡，双眼実体顕微鏡などがある．特殊な目的のためには倒立顕微鏡，位相差顕微鏡，紫外線顕微鏡などもある．電子顕微鏡は，電子線を電磁レンズによって屈曲させ拡大した像をつくらせるもので，走査型電子顕微鏡と透過型電子顕微鏡がある．

　この実験では最も基本的な生物顕微鏡と実体顕微鏡の使い方を学ぶ．主要部の名称については図30と31に示す．

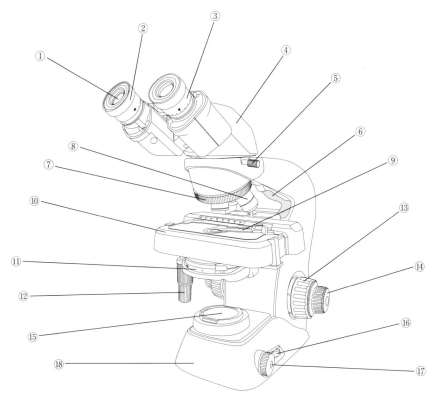

図30　生物顕微鏡の主要部分の名称．①接眼レンズ，②アイシェード，③視度調整環，④鏡筒，⑤固定つまみ，⑥グリップ，⑦リボルバー，⑧対物レンズ，⑨クレンメル，⑩ステージ，⑪絞りフィルター，⑫XY軸ハンドル，⑬粗動ハンドル，⑭微動ハンドル，⑮光源，⑯メインスイッチ，⑰光調整つまみ，⑱スタンド

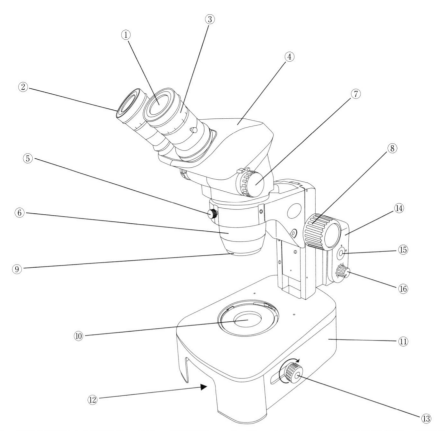

図31　実体顕微鏡の主要部分の名称．①接眼レンズ，②アイシェード，③視度調整環，④鏡筒，⑤固定
つまみ，⑥鏡体，⑦ズームハンドル，⑧調整ハンドル，⑨対物レンズ，⑩ステージ，⑪架台，
⑫照明装置，⑬反射鏡調整つまみ，⑭光源ボックス，⑮メインスイッチ，⑯光調整つまみ

⑴　取り扱い方

　　顕微鏡は精密な光学機器であるから，強い衝撃を与えることは絶対に避けなければならない．わ
ずかの光軸のゆがみでも，その顕微鏡にとっては大きな欠陥となるから持ち運びの途中，ぶつけた
り，倒したりしないよう丁寧に扱わなければならない．特に収納棚から実験台に持ち運ぶとき，ケ
ースがロックされていることを確認する．実験台では使用に先だって，ケースの番号，ボディーの
番号，接眼レンズの数と倍率，レンズの番号，対物レンズの数と番号，倍率を調べメモしておく．

⑵　顕微鏡の性能を表す数値

⒜倍率 manification

　　指定された光学的鏡筒にしたときの対物レンズの倍率と接眼レンズの倍率の積で表わす．例えば
接眼が×10，対物が×40なら全体で×400の倍率となる．これは $1\,\mu$m の長さのものが$400\,\mu$m に見
えることを意味し，面積を表すのではない．

表1　作業距離の例

対物レンズの倍率	作業距離（単位 mm）
×5	16.0
×10	5.7
×20	1.3
×60	0.15
×100（油浸）	0.12

(b)開口数 numerical aparture（N.A）

対物レンズの性能を示す数値でこれを α とすると

$$\alpha = \eta \sin \frac{\mu}{2}$$

ここで η は媒質の屈折率，μ は開角（標本の中央とレンズの両端でつくる角）

屈折率 η は，空気では1.00，水1.33，油浸レンズ用セダー油で1.515である．

開角は作業距離が短いほど大きいが常に180°以下なので $\sin \frac{\mu}{2}$ は1より小さい

それゆえ，空気を媒質とする乾燥系では，開口数は1より小さく，油浸を使っても1.4ぐらいが最高となる．この値はレンズの解像力に比例する．焦点距離・倍率が同じなら開口数が大きいほど良質のレンズである．

(c)解像力 resolving power（**分解能** optical resolution）

2つの点をはっきり区別できる最短距離．いいかえると2つの点がこれ以上近づくと区別できなくなる限界の距離をいう．これを δ とすると

$$\delta = \frac{\lambda}{\alpha} = \frac{\lambda}{\eta \cdot \sin \frac{\mu}{2}} \qquad \lambda\text{は使用する光の波長}$$

光を可視光線にするとこの平均波長は550 nm（0.55 μm）となり，α は開口数であるから油浸レンズの最高のものでも1.4程度である．それゆえ，$\delta = \frac{0.55}{1.4} = 0.392\,\mu$m となる．普通の光学顕微鏡の限界は約0.4 μm と考えてよい．

これをもっと小さくするには，青フィルター，紫外線などの波長の短いものを使うことや屈折率・開口率の大きいものを使う方法がある．紫外線を用いれば δ を半分以下にできるが肉眼では見えなくなる．

(d)焦点深度 focal depth

同時にはっきり見ることのできる像の上下の厚みを焦点深度という．これが大きいと全体がはっきり見えて便利だが倍率・開口数とは反比例の関係にある．

以上の数値から明らかなように顕微鏡の性能の大部分は対物レンズによって決まる．接眼レンズはこの像を引き伸ばしているにすぎない．顕微鏡を使用するとき対物レンズを一番ていねいに取り扱わなければならない理由はここにある．

(3) 顕微鏡による観察とスケッチ

(a)実験材料

　スジグロシロチョウ *Pieris melete* の鱗粉，植物プランクトンとして珪藻類，動物プランクトンとしてヤムシなど．

(b)実験方法

①倍率は×70〜×100とし，顕微鏡をのぞきながらスケッチができるように練習する．

②標本に厚みがあったり，わん曲していたりするときは，微動ハンドルを使ってピントを修正しながら全体像を正しく把握するようにつとめる．

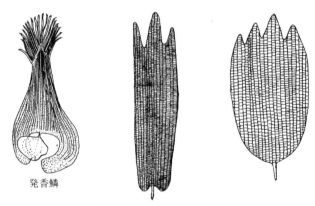

発香鱗

図32　スジグロシロチョウの鱗粉

図33　ヤムシの頭部．▶印は前歯と後歯，矢印は顎毛（根もとの
　　　形に注意）．

6　顕微鏡標本の作り方 I

　生物の体の中でどんな細胞が，どのような配列で集まっているかを調べることは，その細胞群の機能を知る上でも重要である．

　細胞が集まって 1 つのまとまった働きをもつようになったものを組織 tissue という．植物の葉を例にとると，表皮組織，柵状組織，海綿状組織などが集まって葉という器官 organ をつくる．動物でも同じで消化器官の 1 つである胃 stomach は上皮組織，筋肉組織，粘膜組織，分泌組織（分泌腺）などから成りたっている．また関連性のある器官が協同して働く場合は器官系 organ system と呼ぶ．例えば，食道，胃，小腸，大腸，肝臓などは消化器官系という．

　このような組織や器官の構造を調べるとき，顕微鏡標本の作り方に習熟していなければならない．ここでは顕微鏡標本の作成法として最も一般的なパラフィン法について実習を行う．

　この実験は，第 1 週にパラフィン包埋された標本をミクロトームを用いて，切片をつくり，スライドグラスに貼りつけ，加温して伸展させ乾燥させるまでを行う．第 2 週ではこのスライドグラスのヘマトキシリン・エオシン染色を行い，カバーグラスをかぶせて封入し，プレパラートを完成させる．

⑴　実験材料
①魚類の消化管　②カエルの尾芽期の胚　③ソラマメの根端　④ミミズの体節などをパラフィンに包埋して台木につけたもの

⑵　実験器具
①ミクロトーム（ミノット式）　②伸展器　③スライドグラス　④ダイヤモンドペン　⑤スポイト　⑥卵白グリセリン　⑦カミソリの刃　⑧柄付針　⑨筆　⑩プレパラート障子

⑶　材料の準備
　学生実験は時間の都合上，ミクロトームで薄切した切片の貼りつけから始めるが，そこまでの準備の過程を説明しておく．

⒜固定 fixation
①生体から取り出した材料は，そのままにしておくと死後の変化が進むので，この変化を止め，できるだけ生存時の正常な構造に近い状態に保つための操作を固定という．

②固定液として最も普通に用いられるのはホルマリンである．市販のホルマリン原液を10倍に薄めたもの（ホルマリン原液 1：蒸留水 9）を10％ホルマリン液と呼び固定液として用いられている．ただしホルマリン原液は約37％液なのでこれを10倍にすると約3.7％液となる．この液を習慣上10％ホルマリン液と呼んでいる．固定液にはこのほかアルコール（エタノール）も用いられるし，種々の薬品を混合したものも多い．例をあげるとブアン液（ピクリン酸飽和水溶液75mL，ホルマリン原液25mL，氷酢酸 5 mL の割合で混合），カルノア液（無水エタノール12mL，クロロフォルム 6 mL，氷酢酸 2 mL の割合に混合）などがある．固定しようとする材料によって，最も適した固定液を選んで使用することが望ましい．

⒝パラフィン包埋
①固定した材料はそのままでは薄い切片につくりにくいので，パラフィンを浸み込ませて固め，こ

のパラフィンの塊りごと薄切する.

②このために，材料を十分水洗して固定液を洗い落としたのち，70%ぐらいのアルコールに浸し，徐々に濃度をあげ無水エタノールまで移してゆき材料の中の水分を追い出す（脱水）．脱水が不完全だと後のパラフィン浸透が悪いので，各濃度のアルコールに1〜数時間浸して無水アルコールまでもってゆく.

③次にキシレン（キシロール）に浸し，キシレンを透徹させる．キシレンが浸み込むと材料は半透明のように見えるが，水分が残っているときは白く濁ってしまう.

④キシレンはI液とII液をつくっておき順に材料を浸し次に56℃〜58℃のパラフィン溶融機の中でキシレンパラフィン，パラフィンI，パラフィンII，包埋用パラフィンと順次純度の高いものに移してゆき，型の中にパラフィンを流し込み，その中に材料を入れ冷却してパラフィンを固める．固まったところで型から取り出すとパラフィンブロックが得られる.

(c)ミクロトームによる切片の作製

①パラフィンブロック中の材料1つを台木につけて，刃を入れる左右の両面を平行に切り直し，ミクロトームにセットする.

②ミクロトームは回転ハンドルのあるミノット式 minot のものを用いる．これはパラフィンを切る鋭利な刃と試料台，切片の厚さを一定にする微動操置が組み込まれた機械で，手でハンドルを回して操作する．ミノット式は連続切片がつくれるので汎用されるが，あまり大きな材料にはむかない．やや大きなものは滑走式（トーマ・ユング型）のミクロトームが切りやすい.

③いずれも鋭い刃がついていて危険なので十分注意して正しく取扱う.

④切片は6μmの厚さで切ると，そろった厚さの切片がリボン状につながって切り出されてくる．切り出された切片を筆の上にのせて刃から剥がす．厚さは必要に応じて調節できる（4〜20μmの範囲）.

図34　ミノット式ミクロトーム

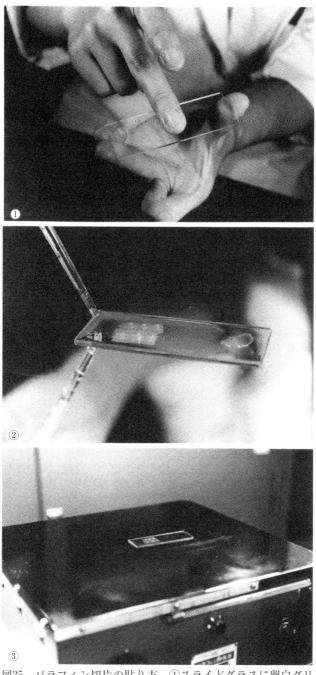

図35　パラフィン切片の貼り方．①スライドグラスに卵白グリ
　　　セリンを薄く全面に拡げる．②伸展器は50〜60℃にし，
　　　スライドグラス上の水の上へ切片を浮べるようにして伸
　　　ばす．③切片が十分伸びるまで伸展器の上に置く．

⑷ 実験方法

(a)パラフィン切片のスライドグラスへの貼りつけ

①(a)を行うに先だち，スライドグラスを数枚用意し，よごれをよくふき，卵白グリセリンを小量の
　せ，指の腹で全体に薄く一様に伸ばす．卵白グリセリンは組織の切片をスライドグラスに貼りつ
　ける糊の役をする．ただしこれはつけすぎると後で行う染色の際に着色して標本がきたなくなる．
　次にダイヤモンドペンでスライドグラスに各自の番号，名前を記入しておく．

②切片のパラフィンリボンを2～3 cm の長さに切り取って，スライドグラスの上にのせる．この
　操作はピンセットか柄付針を使って行う．パラフィンリボンに指が触れると離れにくく，体温で
　変形してしまうから触れてはならない．

③切片には表裏がある．刃のはいった方が平滑でツヤがあるが，この面を下にしてスライドグラス
　に密着させる．反対に貼ると後の操作で剝がれやすい．

④スライドグラス上に切片をのせたら，先の細いスポイトで1滴水滴を切片の脇に落し，切片とス
　ライドグラスの間にゆきわたらせる．これで切片が飛ぶことはない．

⑤切片の位置が偏っているときは，スライドグラスの全面を水でぬらし，針の先で静かに動かして，
　スライドグラスの中央部へもってゆく．

(b)パラフィン伸展器による切片の伸展

①パラフィン切片はどんなによく切れる刃物で切っても，刃のはいった方向に少し縮み，ゆがみを
　受けている．これを補正するため，50～60℃に温めた水平な伸展器の上にのせ，もとの大きさに
　伸ばす．

②このとき，水平な伸展器の表面とスライドグラスの間，スライドグラスと切片の間に水分がある
　と，熱の伝導がよく早く伸びる．

③十分伸びたら，水分を切って乾燥させる．このとき切片の位置がずれないように注意する．乾燥
　したものはプレパラート障子に入れ，次回の染色まで保存しておく．

7 顕微鏡標本の作り方 II

　前回の実験6でつくったパラフィン切片は，まだ未染色であるので，顕微鏡では十分な観察ができない．今回はこれを2種類の色素で染め，細胞の核と細胞質に異なった色をつけたのち，カバーグラスをかけて封入しプレパラートとして完成させる．

　標本を染色する色素は多数のものがあり，目的によって染色法も種類が多い．しかし，ここでは最も基本的なヘマトキシリン・エオシン二重染色法（Hematoxylin eosin double staining method，略してH・E染色ともいう）について実習する．

　この染色法は細胞の核をヘマトキシリンによって青藍色に，核以外の細胞質をエオシンによってピンクに染め分けるもので，細胞の形態や組織の全体像を把握するのに適している．染め上がった色の安定性がよく，長期間変色がなく保存できるなどの長所が広く使用される理由である．

(1) 実験材料
前回の実験で各自つくったパラフィン切片を貼りつけたスライドグラス

(2) 実験器具
①キシレン　②エタノール　③マイヤーのヘマトキシリン液　④エオシン液　⑤染色用バット（11個）　⑥ろ紙など　⑦水洗用バット　⑧スライドグラスホルダー　⑨封入剤（カナダバルサム，ビオライトなど）　⑩カバーグラス　⑪柄付針　⑫ピンセット　⑬水洗用枠

(3) 実験方法
　先週の実験で各自が作ったパラフィン切片を貼りつけたスライドグラスを表2の順で処理しプレパラートを完成させる．手順はかなり複雑なので各項の注意をよく守って行う．染色法は染色用バットに種々の溶液が入れてあるから，指定の順に，指定された時間浸してゆく．

(a)脱パラフィン処理
①パラフィン切片は，パラフィンを取り除かないと染色液が浸透できず染まらないからキシレンを用いてパラフィンを溶かして除く．このために脱パラフィン用キシレンIと同キシレンIIに2回，各5分間ずつスライドグラスを浸す．

②スライドグラスは2枚背中合わせにして染色用バットの中に入れる．このときスライドグラスの背面をていねいに清拭し2枚貼り合わせると，染色用バットの溝にピッタリはまる．スライドグラス上のパラフィンは脱パラフィン用キシレンIでほとんど洗い落とされてしまうが，再度キシレンIIに浸す．

③脱パラフィン用キシレンIIが終ったら，背中合わせになっているスライドグラスをはずし，1枚ずつにしてパラフィンが残っていないことを確認する．パラフィンが残っていたらキシレンIIに戻して完全に落とす．

④無水エタノールに2分間，70%エタノールに2分間浸し，少しずつ水分を加えて水と標本がなじむようにする．

⑤切片はスライドグラス表面に貼りつけてあるので，スライドグラスを染色用バットから出し入れするとき，ほかのスライドグラスに触れてほかの切片を剥ぎ取らないように注意する．

(b)ヘマトキシリン染色

　ヘマトキシリンは一種の植物性色素であるが染色液のつくり方にはいくつかの方法がある．今回の実験では染色時間が短く，弁色（核以外のところの色素を除去する操作）を省略することができるマイヤーの方法にしたがって染色液をつくってある．

①染色液を入れた染色用バットに脱パラフィンし，水に浸したスライドグラスを入れる．染色液は濃い暗紫色でバット内の溝は見にくいのでほかのスライドグラスに触れないように特に注意する．

②染色時間は5〜10分間である．ただし標本や染色液の状況により加減する．調整したばかりの染色液は3〜5分間で十分に染まることが多い．

(c)水洗

①ヘマトキシリン液から出したスライドグラスは水を入れた水洗用バットの中で軽くゆすって余分な染色液を落とし，水洗用枠に入れ，水道水を流しながら30分〜1時間水洗する．これによって青藍色のさえた色調になる．水洗に十分時間をかけないと色調が安定しない．

②マイヤーのヘマトキシリン以外のときは水洗の前に1％塩酸アルコールを用いて弁色を行うと結果がよい．

(d)エオシン染色

　エオシンは染色性が強いのでスライドグラスを1分間浸し，軽く水洗して，余分のエオシンを洗いおとせば，標本はやや蛍光のある淡紅色になる．

(e)脱水

①エオシンの染色が終ったら切片を軽く水洗し70％エタノールに30秒間浸す．

②次に無水エタノールに5〜10秒間浸し，ろ紙などの間に挟んですばやくエタノールをふき取る．エタノールに浸すとエオシンも溶け出し，色が淡くなるので最少限にとどめ，空気中で乾燥させる．切片中に水分が含まれているとあとで変色の原因となるので脱水，乾燥は確実に行う．

(f)キシレン透徹

　乾燥したら仕上げ用キシレンⅠ・Ⅱに10分間ずつ浸す．キシレンⅠに入れたとき切片のまわりのキシレンが白濁するのは脱水不良の証拠なので，このようなときは乾燥をやり直す．

(g)封入と仕上げ

①封入剤としては古くからカナダバルサムが知られているが，近年合成樹脂系の封入剤（ビオライト，エンテランなど）が使いやすいので広く用いられるようになってきた．

②カバーグラスでの封入の仕方は図36の写真のようにカバーグラスの上に封入剤を1〜2滴のせ，すばやく反転させて切片の上にかぶせる．スライドグラスとカバーグラスの間に気泡を入れない．封入剤は多すぎず，少なすぎない量にする．

　封入が終ったら標本名，染色法，製作者名，製作月日などを記入したラベルをスライドグラスの一端に貼り，完成となる．

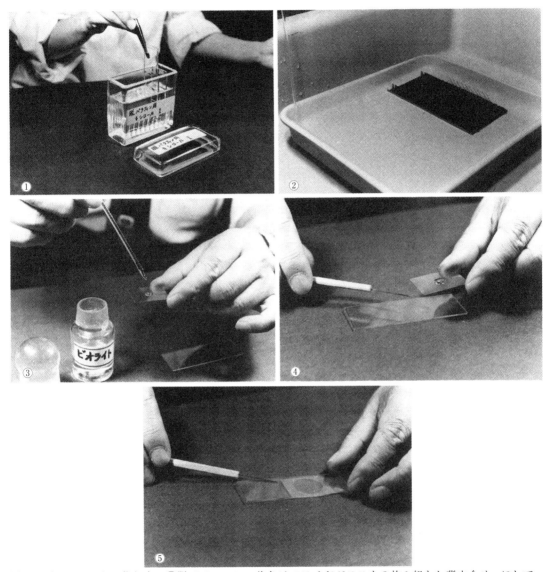

図36 プレパラートの作り方. ①脱パラフィン, 染色はスライドグラスを2枚1組とし背中合せ. にして, バットの内の溝に挟む. ②ヘマトキシリン染色後の水洗の仕方. ③封入の仕方. カバーグラスに1〜2滴封入剤をのせる. ④標本の上でカバーグラスを反転させる. ⑤封入剤が次第に拡がり封入が終る.

38

表2　プレパラートの作り方

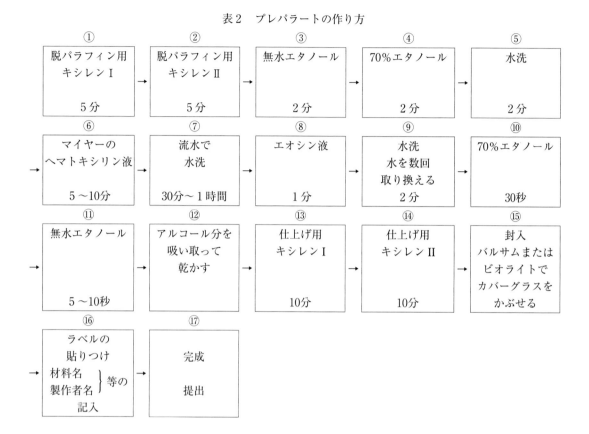

① 脱パラフィン用 キシレンⅠ 5分	② 脱パラフィン用 キシレンⅡ 5分	③ 無水エタノール 2分	④ 70％エタノール 2分	⑤ 水洗 2分
⑥ マイヤーの ヘマトキシリン液 5〜10分	⑦ 流水で 水洗 30分〜1時間	⑧ エオシン液 1分	⑨ 水洗 水を数回 取り換える 2分	⑩ 70％エタノール 30秒
⑪ 無水エタノール 5〜10秒	⑫ アルコール分を 吸い取って 乾かす	⑬ 仕上げ用 キシレンⅠ 10分	⑭ 仕上げ用 キシレンⅡ 10分	⑮ 封入 バルサムまたは ビオライトで カバーグラスを かぶせる
⑯ ラベルの 貼りつけ 材料名 製作者名 等の 記入	⑰ 完成 提出			

8 動物および植物の細胞

実験I 口腔上皮細胞の観察

 細胞 cell は構造的にも機能的にも生物体の基本単位である．バクテリアなどの細胞では核膜がなく原核細胞 prokaryotic cell と呼ばれる．そのほかの細胞では真の核を有しており，真核細胞 eukaryotic cell と呼ばれる．多くの細胞は μm の大きさで，標本をつくり顕微鏡を用いて観察する．顕微鏡標本は，一般に対象とする組織を固定してから，パラフィン切片法，氷結切片法などで切片としたのち，組織構造を選択的に染色して作成する．血液細胞，口腔上皮細胞などは塗抹法，植物の根端細胞や染色体の観察では押し潰し法で標本を作成する．

 生きたままの細胞の構造の観察は，ムラサキツユクサの雄しべの毛，タマネギの鱗茎表皮などの薄い組織あるいは組織培養法で栄養液中に単層に培養した細胞を，位相差顕微鏡を用いて行う．

 光学顕微鏡で観察したとき，動物細胞では核 nucleus，核小体（仁）nucleolus，クロマチン chromatin，細胞質 cytoplasm，細胞膜 cell membrane，ミトコンドリア mitochondria，などが認められる．ここでは，ヒトの口腔上皮細胞 epithelial cell の塗抹標本をつくりギムザ染色をして観察する．口腔上皮は重層扁平上皮であり，剥離された細胞は扁平で楕円形である．

(1) 材料
ヒトの口腔上皮

(2) 実験器具
①生物顕微鏡 ②スライドグラス ③カバーグラス ④柄付針またはピンセット ⑤ろ紙片など ⑥固定液（カルノア液またはメタノール，50mL 染色用バットに入れておく） ⑦染色液（希釈ギムザ液または0.01％クリスタルバイオレット水溶液，20mL 滴ビンに入れておく） ⑧マッチ棒

(3) 実験方法
①マッチ棒の棒の部分の角を唇の裏面に平行にあて軽くなでるようにして口腔上皮を剥離する．マッチ棒に付着した口腔上皮をスライドグラス面に塗りつける．

②数分間放置し，乾燥したら固定液中に浸漬し5分間固定する．

③スライドグラスを取り出し，1〜2秒間水洗いしてから，細胞の上に染色液を1滴たらし，10分間染色する．余分な染色液を水道水で洗い流す．

④染色された細胞のある部分に水を1滴たらし，静かにカバーグラスをかける．右手の親指と人差し指でカバーグラスを挟みもち，はじめに右端の一辺をスライドグラスにつけ，次にピンセットまたは柄付針でカバーグラスの左端を保持しながら静かにおろす．カバーグラスの周囲の水をろ紙などで吸い取る．

⑤低倍率で重なり合っていない細胞を探し，次に高倍率で細胞1個の形態を詳しくスケッチする．核はクリスタルバイオレット水溶液で紫色に，希釈ギムザ液で赤色に染色される．細胞質は希釈ギムザ液で青色に染色される（図37）．

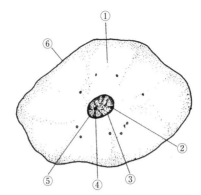

図37　ヒトの口腔上皮細胞（希釈ギムザ染色）.
　　　①細胞質，②クロマチン，③核膜，④核小体（仁），
　　　⑤核，⑥細胞膜

⑷　実験上の注意

①口腔の内側をマッチ棒でこするとき傷がつくほど強くこすってはならない.

②クリスタルバイオレット水溶液で濃染する桿状，球状のものは口腔内に生息する細菌である. これらは細胞表面に付着しているので，顕微鏡の微動ハンドルを少し動かしてみると細胞内の構造物と区別できる.

<h3 style="text-align:center">実験Ⅱ　タマネギの表皮細胞の観察</h3>

　タマネギの鱗茎の鱗片葉の内側の表皮は一層の細胞層であり，複雑な切片作成操作なしに植物細胞の構造を観察することが可能である. 特に生きたままの植物細胞の動的状態である原形質流動を見ることができる. ここでは生きた表皮細胞 epidermal cell を観察する.

⑴　実験材料

　タマネギ *Allium cepa* の鱗茎

⑵　実験器具

①生物顕微鏡　②ピンセット　③カミソリの刃　④スライドグラス　⑤カバーグラス　⑥ろ紙など
⑦滴ビン

⑶　実験方法

①タマネギの鱗茎を縦に8～16等分に切り，鱗片葉をはずし，その内側の表皮に5mm平方に切り込みをつける. ピンセットで，切り込みを入れた表皮の一角をつまみ表皮を静かに剝がす.

②スライドグラスの中央にあらかじめ，滴ビンから水を1滴のせておき，その中に表皮の外面を上にして入れ，カバーグラスをかける. 表皮は水をはじきやすく，またそり返りやすいので注意する.

③余分な水をろ紙などで吸いとってから，まず低倍率で観察する. 気泡のついている部分や核の見えない細胞を避け，核のよく見える細胞を視野の中央にもってきて，高倍率にして観察しスケッ

チする．各細胞は細胞壁 cell wall に包まれ，その中に細胞質，核がある．核にはよく光って見える２個の核小体がある．細胞質には液胞 vacuole，ミトコンドリア，プラスチッド plastid，その他顆粒が見られる．また，生きている細胞では細胞質が一定の方向に流動している．これが原形質流動である（図38）.

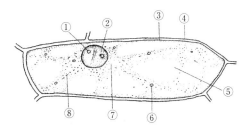

図38　タマネギの鱗茎の表皮細胞．①核小体，②核，
　　　　③細胞膜，④細胞壁，⑤液胞，⑥プラスチッド，
　　　　⑦細胞質，⑧ミトコンドリア

⑷　実験上の注意

①タマネギの鱗茎の外側の鱗片葉は死細胞が多い．芯に近い鱗片葉に生きた若い細胞が多い．

②表皮を剝ぎ取るときピンセットで挟んだ部分の細胞は傷ついているので観察できない．

③生物顕微鏡で観察するときは，光源が明るすぎると細胞内の構造が見えないので，光調整つまみと絞りフィルターとで調節する．

9　染色体と細胞分裂

実験Ⅰ　ユスリカの幼虫の唾腺染色体の観察

　染色体 chromosome は普通，細胞分裂期の前期にはっきりした構造となって現われるので，染色体の観察には細胞分裂の盛んな植物の根の成長点，生殖細胞の形成される部分，あるいは間期の細胞を細胞分裂を誘起する薬物を用いて人為的に分裂期に移行させ，さらに紡錘糸の形成を阻止する薬物を用いて細胞分裂中期で分裂を停止させた細胞が用いられる．染色体の数と形は生物の種により一定しており，体細胞では2倍体で一般に$2n$個の，また生殖細胞ではn個の染色体がある．

　一方，ハエ（双翅）目の唾腺の細胞には巨大な唾腺染色体 salivary gland chromosome がある．唾腺の上皮細胞では相同染色体が対合したのち，間期の状態で DNA 合成と染色体の複製を繰返し，普通の細胞の8回分すなわち256個の細胞に相当する DNA が1個の細胞の中に含まれているため，染色体数はn個で巨大染色体となっている．染色小粒（クロモメア）の部分が縞目（band）状に見え，遺伝子座と対応している．ここではユスリカの幼虫の唾腺染色体を観察し間期の染色体の構造を知る．

⑴　実験材料
アカムシユスリカ *Propsilocerus akamusi* の幼虫

⑵　実験器具
①生物顕微鏡　②実体顕微鏡　③ピンセット　④柄付針　⑤スライドグラス　⑥カバーグラス　⑦シャーレ　⑧駒込ピペット　⑨ろ紙など　⑩酢酸カーミン液　⑪45％氷酢酸水溶液

⑶　実験方法
①中位の大きさのユスリカの幼虫をピンセットでつまみスライドグラスの上にのせ，ろ紙などで幼虫の周囲の水を吸い取り幼虫が動き回わらないようにする．実体顕微鏡で幼虫の頭部と尾部を見分ける．頭部は先端に口があり黒ずんで見え，尾部は左右に尾がある．体は12節からなっている（図39）．
②幼虫の尾部を指で軽く押さえ，柄付針で頭から2節目（胸部第1節と第2節の間）をはずす．次に頭を押さえて胴部を徐々に引っぱり消化管を引きぬく．前胸のすぐ後ろの消化管の両側に一対の淡黄色半透明の袋が見える．これが唾腺である（図40）．
③1対の唾腺を柄付針を用いて消化管から分離し，頭部や消化管を取り除く．唾腺の上に酢酸カーミン液を1滴たらし，5分間染色する．カバーグラスをかけ，余分な染色液はろ紙などで吸いとる．このようにするだけで細胞は適度につぶれているので，カバーグラスを押しつけたりしない．
④低倍率で観察すると，唾腺は楕円形になっており，周辺部に上皮細胞が一列に並んでいる．細胞の中央に円形の部分があり，その中に赤く染色されたひも状の染色体がある．4本の染色体がはっきり見える細胞を探し高倍率（400倍以上）で観察しスケッチする．染色体には長いものから順にⅠ～Ⅳの番号をつける（図41）．

図39 ユスリカの幼虫. ①頭部, ②胸部, ③尾毛, ④血鰓, ⑤胸部疑肢

図40 ユスリカの幼虫の唾腺の取り出し

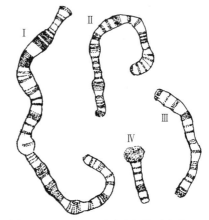

図41 ユスリカの唾腺染色体（酢酸カーミン染色）

(4) 実験上の注意

①幼虫のあまり大きいのはサナギになる直前のもので, 染色体が消えているので用いない.

②染色体が濃く染まりすぎたとき, あるいは観察が終らないうちにプレパラートが乾燥したときには, カバーグラスを動かさないようにしながら, 45%酢酸水溶液をカバーグラスの縁に1滴たらし, ほかの縁にろ紙などをあてがい, 酢酸を吸い取らせるとよい.

③染色液を顕微鏡のレンズ, ステージなどに付着させないようにする.

実験II　体細胞分裂の観察

単細胞生物では細胞の分裂が生殖であるが, 多細胞生物では1個の受精卵の細胞分裂により個体が成長分化する. 細胞には分裂しない間期と分裂する分裂期とがある. 細胞分裂には無糸分裂amitosisと有糸分裂mitosisとがある. 体細胞に見られる有糸分裂では分裂の前後で$2n$個と染色体数は不変であるが, 生殖細胞の形成時に見られる有糸分裂では染色体数は半減しn個となり減数分裂meiosisと呼ばれる.

体細胞分裂の過程は前期prophase, 中期metaphase, 後期anaphase, 終期telophaseの各期に分けられる. 間期のある時期にDNAの合成, 染色体の複製を行って分裂期に入る. 前期では染色体が太い糸となって現われ, 中期では染色体の動原体centromereのkinetochoreの部分に妨錘糸spindle fiberが現われ, 染色体が妨錘体の中央に並ぶ. 後期では染色体が分かれ細胞の両極に移動し, 2つの娘染色体を形成する. 終期では娘染色体は分散して2つの娘核となる. 核の分裂とともに細胞質も分裂する（図42）. ここではムラサキツユクサの雄しべの毛とニンニクの根の成長点の細胞分裂を観察する.

(1) 実験材料

(a)ムラサキツユクサ *Tradescantia ohiensis* の雄しべの毛

(b)ニンニク *Allium sativum* の根

(2) **実験器具**

①生物顕微鏡 ②ピンセット ③柄付針 ④恒温水槽 ⑤スライドグラス ⑥カバーグラス
⑦ろ紙など ⑧酢酸アルコール液 ⑨50%エタノール ⑩1N塩酸 ⑪酢酸カーミン液

(3) **実験方法**

(a)ムラサキツユクサの雄しべの毛

①花弁が色づいていない蕾を選び，蕾を開き雄しべの根もとの毛（図43）をとってスライドグラス
の上にのせ，この上に酢酸カーミン液を1滴たらす．5分後カバーグラスをかけ，余分な染色液
はろ紙などで吸い取る．

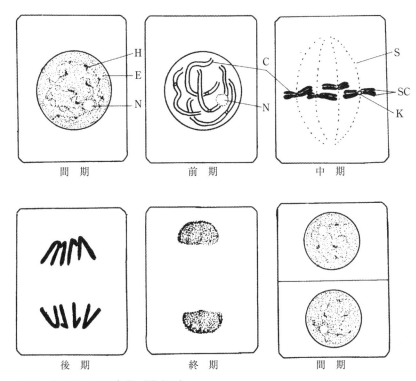

図42 体細胞分裂の各期（模式図）.
E：真正染色質，H：異質染色質，N：核小体，C：染色体，SC：染色分体，
K：動原体，S：紡錘糸

図43 ムラサキツユクサの雄しべ

②低倍率で各期の分裂像を探し，次に高倍率でスケッチする．

(b)ニンニクの根

①よく伸長した根の先端を約5mm切りとって酢酸アルコール液に入れ，ときおり振盪しながら30分間固定する．

②固定した根は50％エタノール中で洗う．次に，恒温水槽の中であらかじめ60℃に加温した1N塩酸中に固定した根を浸し，8～20分間細胞壁の加水分解を行い組織を柔らかくする．

③柔らかくした根をスライドグラスの上にのせ，柄付針で縦に8等分に裂く．その中から成長点を含むものを1つ選び，スライドグラスの上にのせ，酢酸カーミン液を1滴たらし染色する．3～5分後カバーグラスをかけ，押し潰して検鏡する．間期および細胞分裂の各時期の細胞を探しスケッチする．

(4) 実験上の注意

ムラサキツユクサは，開花して花弁と雄しべが紫色になっているものでは細胞分裂が終っている．

実験Ⅲ　減数分裂の観察

減数分裂 meiosis は2回連続した有糸分裂で，還元分裂 reduction division とも呼ばれ，分裂の結果染色体数は半減し，また相同染色体が分離する．主として生殖細胞形成時に認められる．第1分裂と第2分裂はいずれも前期，中期，後期，終期という過程をとる．第1分裂の前期では倍加したDNA量を含むクロマチンが凝縮し染色糸になり（細糸期），相同染色体にあたる染色糸が対合する（接合期）．対合した相同染色糸は二価染色体をつくり，太くなり（太糸期），縦裂し，姉妹染色分体が区別できるようになる（複糸期）．その各々が縦裂して4本の染色分体（四分染色体）となる．中期では四分染色体が赤道面に並び，後期では染色体が2本ずつ紡錘体の両極に分かれ，終期で間期の核となる．第2分裂は2本の染色分体が1本ずつ両極に分かれ，染色体数は半減する．植物の花粉母細胞と動物の第1精母細胞では最終的に4個の細胞（四分子 terad）を生じる．

第1卵母細胞の減数分裂においては3個の極体と1個の卵細胞となる．ここではムラサキツユクサの花粉母細胞について減数分裂を観察する．

(1) 実験材料

ムラサキツユクサ *Tradescantia oniensis* の蕾

(2) 実験器具

①生物顕微鏡　②ピンセット　③柄付針　④スライドグラス　⑤カバーグラス　⑥酢酸カーミン液　⑦アルコールランプ

(3) 実験方法

①若い蕾（長径3～4mm）を探し，柄付針の先で蕾を開き，白色半透明の葯を取り出し，スライドグラスの上にのせる．

②葯の一端に傷をつけ，中の細胞を押し出し，細胞が一層になるように広げる．

③細胞の上に酢酸カーミン液を1滴のせ，数分間染色する．アルコールランプの炎の上で加温し染色を確実にする．カバーグラスをかけて生物顕微鏡で観察し，分裂前の間期，第1分裂各期，第

2分裂各期の細胞をスケッチする（図44）.

⑷ **実験上の注意**
　葯が黄色のものでは減数分裂は終了し花粉が成熟しているので用いない．色々な時期の分裂像を観察するためにはいくつかの蕾について観察を行うとよい.

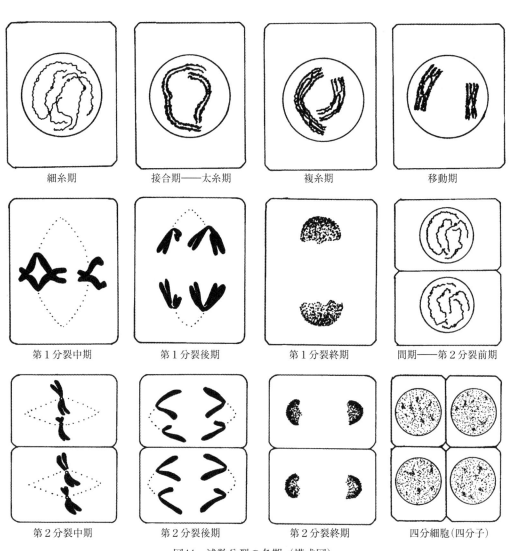

細糸期　　　　接合期——太糸期　　　複糸期　　　　移動期

第1分裂中期　　第1分裂後期　　第1分裂終期　　間期——第2分裂前期

第2分裂中期　　第2分裂後期　　第2分裂終期　　四分細胞(四分子)

図44　減数分裂の各期（模式図）

10　植物の組織

　植物の細胞が観察された最初はロバート・フックが1665年に出版したミクログラフィアの中に記載されたコルクの切片だとされている．cell という言葉も彼の命名による．

　生物の体は多数の細胞が慢然と集っているのではなく一定の形をした細胞が集って一定の働き（機能）をもつようになっている．このような細胞群を組織 tissue と呼ぶ．例えば表皮組織，柵状組織などがそれにあたる．これを顕微鏡で観察するために，材料を薄く切ったり染色を行ったりする基礎的な技術の修得もこの実験の目的である．

(1)　実験材料
(a)タマネギ *Allium cepa* 鱗茎の表皮細胞
(b)ムラサキツユクサ *Tradescantia ohiensis* の葉の裏側の表皮細胞
(c)ネズミモチ *Ligustum japonicum*，またはサザンカ *Camellia sasanqua* の葉
(d)インドゴムノキ *Ficus elastica* の葉

(2)　実験器具
①スライドグラス　②カバーグラス　③スポイト　④カミソリの刃　⑤ピンセット　⑥柄付針
⑦ピス（ニワトコの髄）　⑧酢酸カーミン液　⑨ろ紙など

(3)　実験方法
(a)タマネギ
①タマネギの鱗茎を三日月形に切り，鱗片葉をはずす．内側の表皮に 5 mm ぐらいの幅でカミソリの刃で切り込みをつける．
②次に先の尖ったピンセットで切り込みを入れた表皮の角をつまみ，静かに引き剥がす．これをスライドグラス上に広げ，酢酸カーミン液を 1 滴落とし核を染色する．1〜2 分そのまま染色し，カバーグラスを静かにかぶせ低倍率から検鏡する．核が染っていたらカバーグラスを軽く押し，余分な染色液をろ紙などで吸い取って本格的観察に移る．このとき気泡がはいっていたり染まりが悪いときは，柄付針の先でカバーグラスをはずし染め直す必要がある．タマネギの表皮細胞の配列，核 nucleus の大きさと位置，細胞壁 cell wall の配列をスケッチする．

(b)ムラサキツユクサ
①標本の作り方はタマネギと同様であるが，ムラサキツユクサは葉の裏側の表皮を使う．酢酸カーミン液で染色しなくとも葉の裏側の気孔 stoma は十分に観察できる．
②表皮細胞にある気孔の分布状態，拡大した気孔の孔辺細胞 guard cells の形や葉緑体の配列，核の位置を観察してスケッチする．

(c)常緑樹の葉
①厚目の葉が使いやすい．よく切れるカミソリの刃で削ぐように葉の断面から薄片をつくり，スライドグラスの上にのせ水を 1 滴加えてカバーグラスをかけて検鏡する．
②厚手の葉は硬いのでそのままで切れるが，軟らかいものはピスまたはきびがらに挟んで切る．はじめのうちはくさび形に切ると，先端の方が細胞が重ならずよく観察できる．厚さ20μm 程度に

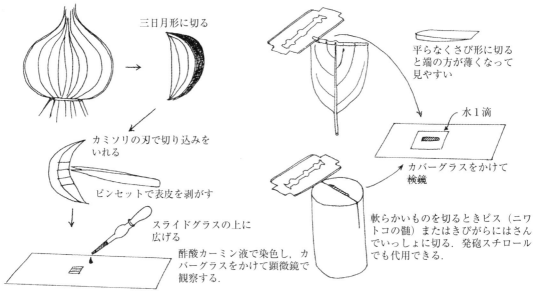

三日月形に切る

カミソリの刃で切り込みを
いれる

ピンセットで表皮を剥がす

スライドグラスの上に
広げる

酢酸カーミン液で染色し，カ
バーグラスをかけて顕微鏡で
観察する．

平らなくさび形に切る
と端の方が薄くなって
見やすい

水1滴

カバーグラスをかけて
検鏡

軟らかいものを切るときピス（ニワ
トコの髄）またはきびがらにはさん
でいっしょに切る．発砲スチロール
でも代用できる．

図45　組織標本の作り方

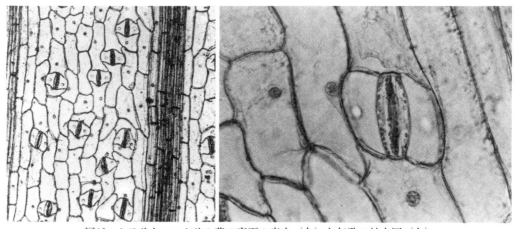

図46　ムラサキツユクサの葉の裏面の表皮（左）と気孔の拡大図（右）

切れるように習熟する．

③葉の断面をスケッチし，柵状組織 palisade tissue，海綿状組織 spongy tissue と表皮 epidermis の
位置を示す．なお部位によっては葉脈 vein が観察されるから注意してみること．

(d)インドゴムノキ

通常の葉には見られない鐘乳体 cystolith が見られる．これは炭酸カルシウムが集まったものであ
る．鐘乳体のある付近をスケッチして比較してみる．

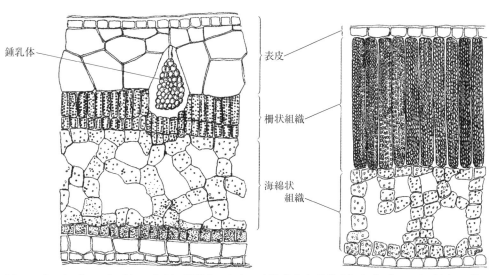

鍾乳体

表皮

柵状組織

海綿状
組織

図47　インドゴムノキ（左：表皮に炭酸カルシウムが沈着した鍾乳体）とネズミモチ（右）の葉の
　　　断面

11 動物の組織

多細胞動物の体はその構造からみると形態と機能の類似した細胞と細胞の生産したものからなる組織 tissue があり，また組織がいくつか集まり空間的配位をとった器官 organ があり，さらに機能的に協調して働く一連の器官の集まりである器官系 organ system がある．器官を構成している組織として上皮組織 epithelial tissue，結合組織 connective tissue，筋肉組織 muscle tissue，神経組織 nervous tissue などがある．

ここではハツカネズミの種々の器官のパラフィン切片をヘマトキシリン・エオシン二重染色して生物顕微鏡で観察する．

(1) 実験材料

ハツカネズミ *Mus musculus* の肝臓，小腸，脾臓，心臓，腎臓，卵巣，精巣のプレパラート

ニジマス *Oncorhynchus mykiss* の腎臓

(2) 実験器具

①生物顕微鏡

(3) 実験方法

上記のプレパラートを観察，スケッチし，組織名を参考図で確認して記入する．

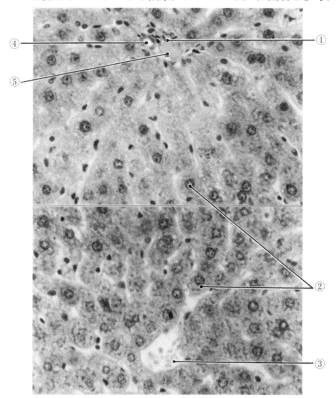

肝臓 liver は多数の肝小葉の集合体である．肝細胞は索状に配列して肝細胞索を形成し，中心静脈に対して放射状に配列し，円柱状の肝小葉を形成する．肝細胞索の内部の細胞間隙は胆細管であり，胆細管は肝細胞索を出て小葉間胆管となる．門脈と肝動脈は，小葉周辺から分岐して肝小葉内に毛細血管網をつくり，求心的に中心静脈に流れ込み，中心静脈は集合して肝静脈となる．

図48 ハツカネズミの肝臓．
①肝動脈の枝 branch of hepatic artery，②肝細胞 hepatic cell，③中心静脈 central vein，④小葉間胆管 interlobular bile duct，⑤小葉間静脈 interlobular vein

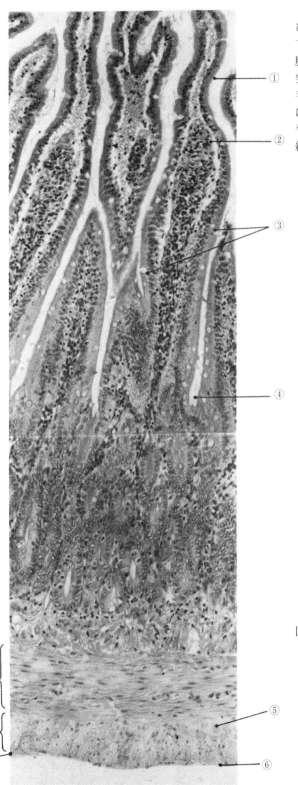

小腸 small intestine は内側から輪状ひだと無数の腸絨毛をもつ粘膜，粘膜下組織，筋層，漿膜で構成されている．腸絨毛の表面の上皮細胞は原形質の小突起である微滅毛をもっている．腸絨毛の基部には，腸腺が開口する．筋層は内輪層と外縦層からなり，いずれも平滑筋でつくられ，両層の間に腸筋神経層が発達している．

図49　ハツカネズミの十二指腸横断像．①粘膜上皮 mucosal epithelium，②粘膜固有層 lamina propria，③杯細胞 goblet cell，④腸陰嵩 intestinal gland，⑤神経細胞 sympathetic nerve cell，⑥漿膜 serosa，⑦筋層 muscle layer ⑧内輪層 circular muscle layer ⑨外縦層 longitudinal muscle layer

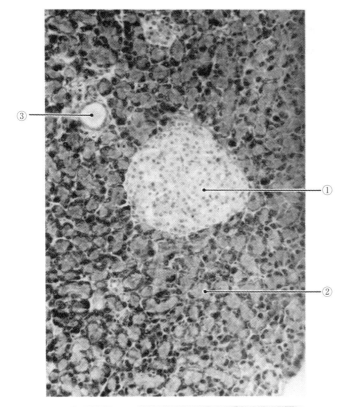

膵臓 pancreas は外分泌部と内分泌部とから構成されている. 外分泌部は複合胞状腺で単層に並ぶ円錐状の漿液腺細胞でつくられている. この細胞は塩基好性で核上部に酸好性の酵素原顆粒がある. 膵臓の輸管として膵管があり, 十二指腸に開口する. 内分泌部は膵臓内に多数散在するランゲルハンス島と呼ばれる内分泌細胞の小集団である. 島にはグルカゴンを分泌するα細胞, インシュリンを分泌するβ細胞, ソマトスタチンを分泌すると考えられるδ細胞がある.

図50　ハツカネズミの膵臓.
　　　①ランゲルハンス島 islets of
　　　Langerhans, ②外分泌腺
　　　intercalated duct, ③導管
　　　interlobular duct

心臓 heart は内膜 endocardium, 心筋層 myocardium, 外心膜 pericardium の三層に区別される. 心筋層には長円形の核をもつ円柱状の筋繊維が網状につながっており, これらの間に毛細血管をともなった繊維性結合組織がある. 心筋は横紋筋でエオジン染色の程度の異なる縞模様がある.

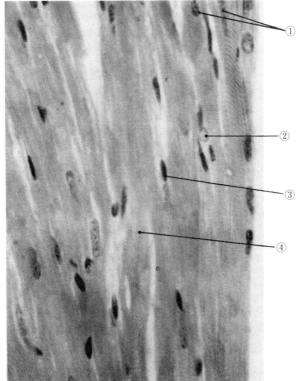

図51　ハツカネズミの心臓.
　　　①筋細胞の核 nuclei of
　　　muscular cell, ②赤血球
　　　erythrocyte,
　　　③結合組織細胞の核 nucleus of
　　　connective tissue cell,
　　　④介在板 intercalated disk

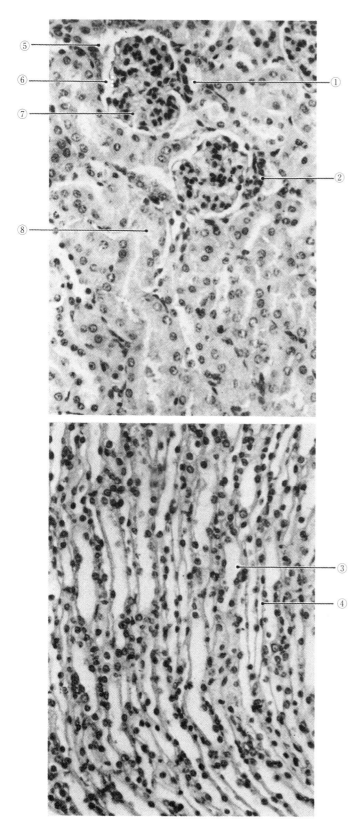

腎臓 kidney は結合組織性の被膜で
おおわれ，内部は皮質部と髄質部が区
別される．尿生成の構成単位はネフロ
ン nephron と呼ばれ，皮質部に存在
する腎小体とそれにつらなる尿細管
（細尿管）からなっている．尿細管は
近位尿細管，ヘンレループ，遠位尿細
管，集合管の各部分に分けられる．近
位尿細管曲部の上皮細胞は酸好性に染
まる細胞質と球形の核を有し大型で細
胞の自由面には刷子縁がある．ヘンレ
ループの細い部分は単層扁平上皮でつ
くられ，核は楕円形で，細胞質に小器
官は少なく，微絨毛はあまり発達して
いない．

遠位尿細管は単層立方上皮からなり，
近位尿細管に比べ細胞体は小さく，背
も低いため，1 つの管の横断面に多数
の核が見える．細胞質は明るく染まり
自由面に刷子縁がない．遠位尿細管は
腎小体付近で輸入細動脈と密着し，緻
密斑と呼ばれる構造となっている．集
合管は単層上皮または円柱上皮からな
り，核は球形で細胞質には小器官が少
ない．

図52 ハツカネズミの腎臓の皮質部(上
cortex)と髄質部（下 medulla).
①遠位尿細管 distal tubule,
②緻密斑 macula densa, ③集
合管 collecting duct, ④毛細血
管 capillary, ⑤尿細管極, ⑥ボ
ーマン嚢 Bowman's capsule,
⑦糸球体 glomerulus, ⑧近位
尿細管 proximal tubule

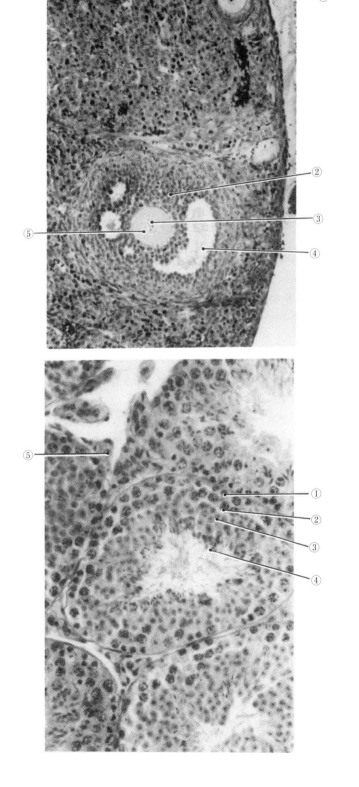

卵巣 ovary の内部は皮質と髄質から
なる．皮質には発生過程の卵胞があり，
1個の卵母細胞とこれを取り巻く一層
の卵胞上皮からなる原始卵胞，卵胞上
皮が多層になった2次卵胞，さらに皮
質の全厚を占めるようになった成熟卵
胞がある．

図53　ハツカネズミの卵巣．
　　　①発育初期の第1次卵胞
　　　primary follicle，②卵胞上皮
　　　membrana granulosa，③卵子
　　　核 oocyte，④卵胞腔 antrum，
　　　⑤卵胞腔形成期の卵胞
　　　maturing follicle（Graafian
　　　follicle）

精巣 testiculus は曲精細管とその間
を満たす血管をともなった間質から構
成されている．曲精細管の管壁は精子
産生細胞と支持細胞からなる．精子産
生細胞は成熟の段階にしたがって精原
細胞，精母細胞，精細胞，精子が区別
できる．間質には間細胞と結合組織の
細胞がある．

図54　ハツカネズミの精巣．
　　　①精原細胞 spermatogonia，
　　　②精母細胞 spermatocyte，
　　　③精細胞 spermatid，
　　　④精子 spermatozoa，
　　　⑤間細胞 interstitial cell

12　脂肪の組織化学的検出

　細胞の本質を理解するには，その構造を知るのみでは不十分であり，その化学的組成を知ることが大切である．例えば，染色体という構造にDNAという物質の存在が明らかにされ，遺伝における両者の役割が理解された．このような学問は組織学（細胞学）と生化学の境界領域に属し組織化学 histochemistry，細胞化学 cytochemistry と呼ばれる．

　ここでは脊椎動物の体内で物質代謝の中心となる肝臓細胞内の脂肪を組織化学的に検出し，飢餓状態でそれがどのように変動するかを調べる．

⑴　実験材料

　正常および1〜2週間飢餓状態のトノサマガエル *Pelophylax nigromaculatus* の肝臓．これらは10%ホルマリン液で，固定しておく．

⑵　実験器具

①生物顕微鏡　②氷結ミクロトーム　③スライドグラス　④カバーグラス　⑤500mL ビーカー　⑥ガラス棒　⑦シャーレ3個（染色液，エタノールを入れるのに用いる）　⑧スダンⅢ70%エタノール飽和溶液　⑨60%エタノール　⑩マイヤーのヘマトキシリン液　⑪グリセリン（バルサムびんに入れておく）　⑫ろ紙など　⑬カミソリの刃

⑶　実験方法

①固定した肝臓を1〜2時間流水で洗いホルマリンを除き，次に切片を切る部分をカミソリの刃で切り出す．

②氷結ミクロトーム（図55）の氷結台を最下部までさげておき，この上に水でぬらしたろ紙片を敷き肝臓を置く．右の人差し指で肝臓片を押えながら片手で活栓を開き液体窒素を放出する．肝臓が凍結しはじめ台に付着したら指を離し，おおいをかぶせて液体窒素を1/2秒間隔で間欠的に放出し，肝臓を完全に凍結する．ミクロトームの切片の厚さの指示目盛を15 μm に合わせる．

③硬く氷結した状態ではミクロトームの刃がこぼれるので，少し放置し，融解する直前に切る．切

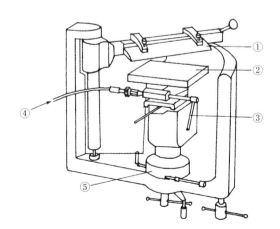

図55　氷結ミクロトーム．①刃，②氷結台，③活栓，④液体窒素，⑤切片厚さ指示目盛

片は刃の上に付着しているので，これを指の腹でふくようにして取り，水の入ったビーカーに移し切片を水中に広げる．刃の往復運動によりミクロトームの台は指示した厚みだけ上昇するので，一定の厚さの切片が次々に切れる．肝臓が融解しはじめると切片を切ることはできないので適時活栓を開き液体窒素を放出し適度の凍結状態を保つようにする．

④ビーカー中の切片から良好なものを選び出し，これをガラス棒の先端ですくい上げ，60％エタノールに瞬時つけ，次にスダンⅢ70％エタノール飽和溶液に入れ10分間染色する．

⑤ガラス棒を用いて切片をすくい上げ，ただちに60％エタノール飽和液中で2秒間洗い余分な染色液を落とす．次にビーカー中の水で洗う．

⑥切片をマイヤーのヘマトキシリン液に入れ5〜10分間核染色を行う．

⑦切片を水の入ったビーカー中に入れ静かに攪拌し，切片が青紫色になるまで洗う．スライドグラスの端を左手の親指と人差し指でもちビーカー内の水に斜めに沈めておき，右手にもったガラス棒で浮いている切片をスライドグラスに近づけ，切片の一端をスライドグラス上に押さえつけ静かにスライドグラスを水中より出す．切片はスライドグラスに貼りつく．切片がしわになっていたら，切片を再び水に浮かしてすくいなおす．

⑧切片の上にグリセリンを1滴おき，カバーグラスをかけ検鏡する．核は青紫色，脂肪は赤橙色に染色される．低倍率で中心静脈を探し，次に高倍率で静脈周囲の肝細胞について脂肪滴の存在を観察し，スケッチする（図56）．

⑨正常カエルと飢餓カエルの肝臓をそれぞれスケッチし比較する．

(4) 実験上の注意

スダンⅢ70％エタノール飽和溶液の入った容器は，アルコールが蒸発しないように蓋を閉じておく．

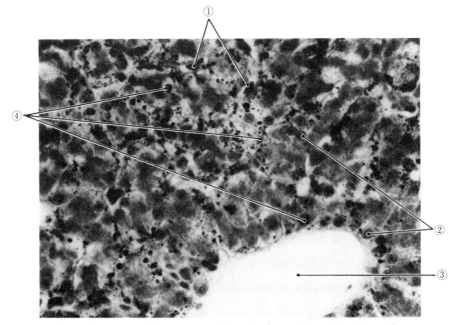

図56　トノサマガエルの肝臓細胞内の脂肪．①毛細血管内の赤血球，②肝細胞の核，③中心静脈，④脂肪

13　温度と呼吸運動

多くの環境要因の中で，温度は生物の生活に最も関係の深い要因の1つである．一般に変温動物 poikilotherm では，ある温度範囲において，種々の生体反応の速度（呼吸・光合成など）は外界の温度の上昇にともなって上昇する．ここではメダカの呼吸数を生体反応の尺度とし，温度と生体反応の関係について実験する．

(1)　実験材料
メダカ（キタノメダカ *Oryzias sakaizumii*，ミナミメダカ *O. latipes*）

(2)　実験器具
①試験管　②恒温水槽　③温度計　④ストップウオッチ　⑤カウンター

(3)　実験方法
①太めの試験管内に飼育水とメダカを入れ，その試験管を恒温水槽の中に浸す．恒温水槽の水温はあらかじめ測定範囲の最低温度（10℃ぐらい）にセットしておく．このとき飼育水の水温は恒温水槽に浸すことで調節する．したがって飼育水は少なめにすることが大切である．また，メダカが酸欠にならないように注意する．

②メダカがセットした水温に順応するまで十分（10分以上）放置したのち，ストップウォッチとカウンターを使って正確に鰓蓋の開閉する回数（呼吸回数）を数える．呼吸回数は10〜20秒間の呼吸回数を測定し，1分間に換算するとよい．1分間の呼吸回数を5回以上測定する．

③次に，恒温水槽の水温を2〜5℃ずつ上昇させていき，各温度で同じ作業を繰り返す．最終的には5〜6回水温を変えて測定したい．したがって，メダカの適温を考慮し，あまり高い水温や低い水温で測定しないように測定水温の間隔を選択する必要がある．

(4)　データの処理
温度の上昇にともない，生物の活動性は指数関数的に増加することが知られている．一般に，温度（t）と活動性（K）の間には次式が成り立つ．

$$K = a \cdot b^t$$

または，$\log K = \log a + t \log b$　　　　　　　　　　式(1)

一方，温度が10℃上昇したときに生物の活動性が何倍になるかということを Q_{10} という値を用いて表わす．すなわち，t℃のときの活動性を Kt，$(t + 10)$ ℃のときの活動性を K_{t+10} とすると

$$Q_{10} = \frac{K_{t+10}}{K_t}$$　　　　　　　　　　式(2)

(1)，(2)の関係より，Q_{10} は次のようにも表わすことができる．今，任意の2点の温度 t_1，t_2（$t_1 < t_2$）のときの活動性をそれぞれ K_1，K_2 とすると

$$Q_{10} = \left(\frac{K_2}{K_1}\right)^{\frac{10}{t_2 - t_1}}$$　　　　　　　　　　式(3)

多くの場合，$Q_{10} = 2.0 \sim 3.0$ である．

[演習問題]

① 1分間の呼吸回数の平均値と標準偏差を計算し，温度と呼吸回数の関係をグラフに書きなさい．

② 次に，呼吸回数の平均値の対数値を縦軸にとり，横軸に温度をとると，温度と呼吸回数の間には直線関係が得られる．この直線を客観的方法で引くために回帰直線を求めることが必要となる．
　 求める回帰直線の方程式を

$$Y = bX + a$$

とすると，

$$b = \frac{\Sigma(x_1 \cdot \log y_1) - \dfrac{\Sigma x_i \Sigma \log y_i}{n}}{\Sigma x_i{}^2 - \dfrac{(\Sigma x_i)^2}{n}}$$

$$a = \frac{\Sigma \log y_i}{n} - b\frac{\Sigma x_i}{n} \qquad (n \text{ はサンプル数，} x \text{ は温度，} y \text{ は活動性})$$

となる．この回帰直線から任意の2点の温度 $(t_1,\ t_2)$ における呼吸回数を求め，これを式(2)または(3)に代入してメダカの Q_{10} を求めなさい．

14　色素胞と体色変化

　生態学上捕食者にねらわれやすい動物は保護色 protective coloration をもっていて生き残る工夫をしている．魚類の中には体色を変化させて水底の色に合わせ，水鳥などの捕食から身を守っていると考えられているものもかなり多い．例えば，カレイやヒラメの類は水底の色や模様に敏感に反応する例として知られている．このほか，ウグイやオイカワのように生殖時期になると雄に婚姻色 nuptial coloration が現われるものがある．

　このような体色変化がどのような仕組みで行われるのか，小型淡水魚を用いて調べる．

(1)　実験材料

　メダカ（キタノメダカ *Oryzias sakaizumii*，ミナミメダカ *O. latipes*）またはタナゴ *Acheilognathus melanogaster* やギンブナ *Carassius auratus* の稚魚

(2)　実験器具

①直径15cm の腰高シャーレ 2 個（1 個は黒い紙を巻く）　②黒紙　③ガーゼ　④ピンセット
⑤スライドグラス　⑥生物顕微鏡　⑦0.85％生理食塩水　⑧1 mL ツベルクリン用注射器　⑨塩化アドレナリン

実験I　明暗による色素胞の変化

実験方法
①容器を 2 個用意する．腰高シャーレや 1 L のビーカーでもよい．一方を黒い紙で，もう一方を白い紙で包む（白および黒の紙で輪をつくり，シャーレにはめ込み，同色の紙の上に置く）．
②これに数匹ずつメダカを入れ白い方の容器は光を照射しながら約 1 時間おき，その状況に適応させる．黒い方も約 1 時間，うす暗いところに置く．
③それぞれの環境に適応させたのち，黒い方のメダカを一尾白い方に移して，体色を比較する．
④次に白い容器，黒い容器ともメダカを一尾ずつとり，頭部をぬらしたガーゼで包んで押え，体側の一定の場所（例えば臀鰭前端の位置）から鱗を剝がす（図57）．
⑤剝がした鱗をただちに顕微鏡で観察する．鱗の外縁に近いところに色素胞 chromatophore が見られる．黒色の色素胞はメラノホア melanophore という．
⑥この形態をスケッチして比較する．暗いところで黒色を背景にしたものは色素胞が拡がっており，白い背景においたものは，ほとんどの色素胞が収縮した状態になる（図58）．

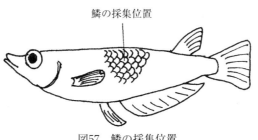

鱗の採集位置

図57　鱗の採集位置

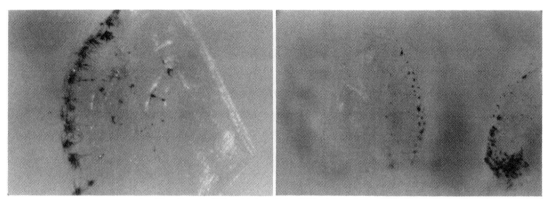

図58　タナゴの鱗の中の色素胞．拡がった色素胞（左）と収縮した色素胞（右）

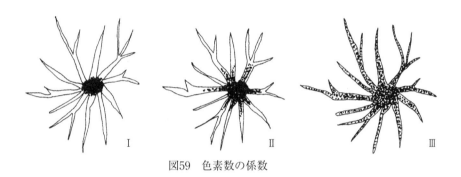

図59　色素数の係数

⑦図59を参考にして色素胞の係数を調べる．

　Ⅰの段階　係数1点　色素胞の中央に黒色粒子が集中しているもの．

　Ⅱの段階　係数2点　色素胞の粒子はやや伸展しはじめるが，部分的にとまっているもの．

　Ⅲの段階　係数3点　色素胞内の粒子は十分拡散し色素細胞全体が黒くなっているもの．

⑧色素胞の伸展の程度に段階をつけ，白い背景においたメダカと黒い背景においたメダカの鱗数枚
　からそれぞれ30個の色素胞について係数を調べ，平均係数を計算する．

［黒背景での計算例］

　Ⅰ×2個＝2点，Ⅱ×11＝22点，Ⅲ×17＝51点　合計30個＝75点　∴平均係数＝2.5点

実験Ⅱ　塩化アドレナリンの作用

⑴　実験方法

①黒い紙でカバーし，薄暗いところにおいた容器にメダカを入れて数時間おきに色素胞が十分伸展
　しているのを確認してから，塩化アドレナリンの注射を行う．

②塩化アドレナリンは，市販のアンプル入りのもの1mLをメダカ用生理食塩水（0.85% NaCl溶液，
　pH7.2）9mLに加え10倍希釈液をつくり，この0.1mLをツベルクリン用注射器でメダカの腹腔
　内に入れてやる．

③メダカはすぐに暗くした容器に戻し，1時間後に鱗の色素胞を調べ，同様に色素胞係数を調べる．

⑵　実験上の注意

①メダカは生きたまま使用しなければならないので，強い衝撃を与えないようにする．特に鱗を剝がすときは，ぬらしたガーゼで頭部を包み込むようにし，体側の一定の場所から，鱗を採取するように注意深く行う．数枚の鱗を採取したらただちにもとの容器に戻す．

②実験Ⅰでメダカの体色変化が，色素胞の内部の色素顆粒の移動によって起こることは理解できたと思う．ではこの色素顆粒の移動はどのような機構によって起こるのだろうか．

③背景の色に合わせて体色を変化させるのは，眼から入った光の刺激を感じていると考えられ，神経の支配下にあるといえるが，果してそれだけだろうか．

④実験Ⅱでは塩化アドレナリンを使用したが，アドレナリンは副腎から抽出される一種のホルモンでインシュリンと拮抗し血糖量を増加させたり，小動脈の平滑筋を収縮させ血圧を亢進させたりする働きがある．もし，メダカの腹腔の中にアドレナリンを注入して，色素胞内の顆粒の移動に影響がでればホルモンの支配も受けている証拠と考えられる．同じような暗いところに置き，塩化アドレナリンを注射したものと，しないものの間に差が見られるかどうかを色素胞係数で調べる．

15 繊毛運動

　繊毛運動 ciliary movement を行うものとして，原生動物のゾウリムシ *Paramecium* やツリガネムシ *Vorticella* が有名であるが，繊毛のある上皮をもつものはほかにも多い．例えば脊椎動物の気管や輸卵管の上皮，二枚貝の鰓の上皮などである．今回の実験では海岸の岸壁や棒ぐいなどに付着する貝，イワガキまたはムラサキイガイなどを用いて繊毛運動について調べてみる．

　実験は二枚貝の鰓を切り出し，シャーレの中で gill piece（鰓切片）が表面の繊毛運動によって，動く移動速度を 2 人 1 組になって測定する実験を主体としている．この結果はレポートとしてとりまとめて提出すること．

(1) 実験材料
ムラサキイガイ *Mytilus edulis galloprovincialis*

(2) 実験器具
①シャーレ　②方眼紙（1 mm 目のもの 2 枚）　③色チョークの粉末　④解剖バサミ　⑤ピンセット　⑥メス（カッターナイフ）　⑦柄付針　⑧秒針つき時計　⑨海水および希釈海水

(3) 実験方法
(a)鰓上におとした粒末の移動方向の調査
①生きている二枚貝の鰓を傷つけぬように注意しながら閉殻筋を切って殻を開くことからはじめる．
②ムラサキイガイは付着性の二枚貝であり，このため腹縁から足糸 byssus を出して岸壁などに付着している．採集してきた材料には足糸が残っているから手で引っぱって取り除く．
③足糸の出ていたところが隙間となるので，ここからメスを入れ，閉殻筋を中央で切断する．こうするとそれぞれ内外 2 枚の鰓をもつ左殻と右殻に分けることができる．
④この貝を海水をみたしたシャーレに静置し，貝全体が海水中に浸るようにする．

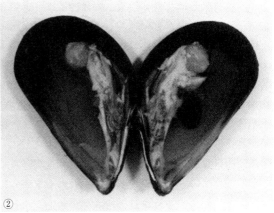

図60　ムラサキイガイからの鰓切片の切り出し方．①足糸を引っぱって取り除いたあとにできた隙間からメスを入れ，体の中央を切る．②両側に開けば 2 枚ずつの鰓がみえる．

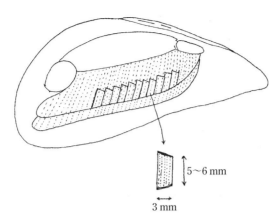

図61　ムラサキイガイからの鰓切片の切り出し方

⑤もう一方の貝について全体を簡単にスケッチし，前後・左右・背腹の軸がどちらを向いているか
　を確認する．

⑥次に赤または白のチョークの粉末を小量ずつ鰓の各所に落とし，それぞれが鰓の上でどのように
　動いたかをスケッチ上に矢印で示す．鰓の各所で試みると二枚貝の呼吸・栄養摂取・排出に重要
　な役割をもつ繊毛運動の方向を明らかにすることができる．

(b)切り出した gill piece（鰓切片）の移動速度と海水濃度の関係

①(a)で使用しなかった片方の殻から内側の鰓を用いて，まず gill piece を切り出す．これは図61の
　ように鰓の両端の湾曲部を避け，中央部を 3 mm 間隔で鰓のひだに沿って切り込みを入れ，
　3 mm × 5 mm の大きさの gill piece をできるだけ多く切り取る．このとき図のように少し斜め
　にハサミを入れると，切りやすいし，gill piece の表裏が判別しやすい．

②切り取った gill piece は海水を入れたシャーレに少なくとも30分以上入れておき，切口から出る
　粘液 mucus を十分放出させる．

③放出された粘液を柄付針の先で取り除くと，gill piece は繊毛運動によりシャーレの底をはうよ
　うに移動しはじめるので，直線的にはうものを選び実験に移る．

④シャーレに海水を入れ，③で選んだ gill piece を 1 個入れ，このシャーレを 1 mm 目の方眼紙の
　上に置く．針の先で gill piece の移動方向を調節し，1 分間に移動した距離を測る．これを数回
　繰り返し，この gill piece の 1 分間の平均移動速度を求める．

⑤直線的に移動する他の gill piece 2 〜 3 個についても同様に移動速度を調べたら次に移る．

⑥100％の正常海水のほかに，表 3 のような希釈海水をつくる．それぞれの希釈海水中で gill piece
　の移動速度を求める．低濃度で実験した個体は，再び100％海水に戻し，移動速度に変化があっ
　たかどうかを毎回チェックする．

⑦濃度の異なる海水についてすべての計測が終了したら，各濃度での相対速度 relative velocity を
　求めグラフに示す．相対速度は次の式で求められる．

$$相対速度 = \frac{それぞれの濃度の希釈海水中の平均速度}{100％海水中の平均速度} \times 100$$

⑧レポートには各濃度で平均速度を求めるために用いた実測値の表と，相対速度のグラフ（縦軸に
　相対速度，横軸に海水濃度をとる）とを記入し考察も加えて提出すること．

64

表3　実験海水の濃度

100％海水	95％海水	85％海水	70％海水	50％海水	30％海水

⑷　**実験上の注意**

① gill piece はできるだけ同形同大につくる．繊毛の生え方は表裏同一ではないから，実験を繰り返すときは，同じ面で，はわせ裏返さない．粘液を除いても回転や蛇行し，直線的に動かないものは使用しない．

②低い濃度の海水で実験したとき，gill piece の活力が低下したら，別のものに換えなければならない．十分活力のあるものを選び，希釈海水中で測定した後，正常海水に戻して活力を回復させ，次の測定を行えば同一のもので最も簡便かつ短時間に終了できる．

③海水濃度に対し相対速度を調べると，ムラサキイガイやカキでは100％海水よりやや薄い海水の方が高いことが多い．これはこれらの付着生物が汽水性をもっているためと考えられる．このほか，各種塩類溶液の繊毛運動に対する影響などもこの方法で実験できる．

16　ペーパークロマトグラフ法による植物の色素の分離

　クロマトグラフ法は混合物の構成分を分離する1つの方法で生物物理学的な分析法として欠くことのできないものとなっている.

　分離のためにろ紙を用いるペーパークロマトグラフ法, ろ紙の代わりにアルミナの粉末を用いる薄層クロマトグラフ法や気体を試料とするガスクロマトグラフ法などの種々の方式が開発されている.

　今回の実験では最も基本的なペーパークロマトグラフ法によって植物の色素の抽出・分離を行う. 植物の葉やニンジンの根の抽出液を, 細長く切ったろ紙の1点につけ, ろ紙の末端をあらかじめ用意した溶媒に浸すと, 毛細管現象によって溶媒が染み込んでくる. このとき試料の中に混在していた種々の色素は溶媒の上昇とともに移動するが, 移動の程度がそれぞれの色素によって異なり, 分離してスポットとなって現れる. このときの移動の程度を Rf 値（移動率：Rate of flow）といい, 次のように計算する. Rf 値は混合物中からある物質を同定するときの基準となる値であるが, 溶媒の種類, 温度, ろ紙の性質によって変化する. ある物質の Rf 値は展開溶媒の種類やろ紙の質などの条件が同じなら同一になる.

$$\text{Rf 値（移動率）} = \frac{\text{原点からある物質のスポットの中心までの距離}}{\text{原点から展開溶媒の先端までの距離}}$$

いま仮に展開溶媒が20cm まで浸透し, 物質 A のスポットが10cm のところにあれば物質 A の Rf 値は0.5である.

(1)　実験材料
(a)シロツメクサの葉（マメ科の *Trifolium repens* の葉）
(b)紅藻類の海藻（テングサ科のマクサ（テングサ）*Gelidium elegans*）
(c)ニンジン *Daucus carota* subsp. *sativus* の根

(2)　実験器具
　実験は3〜4名で1班をつくり, 各班に次の器具を用意する.
①クロマト管（ゴム栓つき, 3本）　②クロマト管立て（1台）　③乳鉢・乳棒（3組）　④駒込ピペット（2mL, 3本）　⑤キャピラリー（3本）　⑥ピペット用ゴムキャップ（1個）　⑦シリカゲル　⑧試験管（3本）　⑨試験管立て（1個）　⑩クロマトグラフィー用ろ紙　⑪抽出液（メタノール・アセトン3：1混合液, 約20mL）　⑫展開溶媒（トルエン, 約50mL）　⑬30cm 定規

(3)　実験方法
(a)色素液の作り方
①シロツメクサの葉は葉柄を除き約1gをとり, ハサミで2mm角になるまで細かく刻む. 次に乳棒で押し潰すようにすり潰し, 抽出液であるメタノール・アセトン混合液を約1mL 入れる. 再び乳棒でよくすり, 緑色のペースト状になったところでさらに抽出液を4mL 加え, 静かにかき回し, 液体部分を駒込ピペットで吸い上げ試験管に移す. 沈殿物が沈むのを待って上澄液を使う.
②マクサは葉状体を約1gシロツメクサのときのようにハサミで細かく刻む. ニンジンはおろし金でおろしたものを約1g乳鉢にとる. それぞれの乳鉢にシリカゲルを約2g加え, 乳棒でシリカ

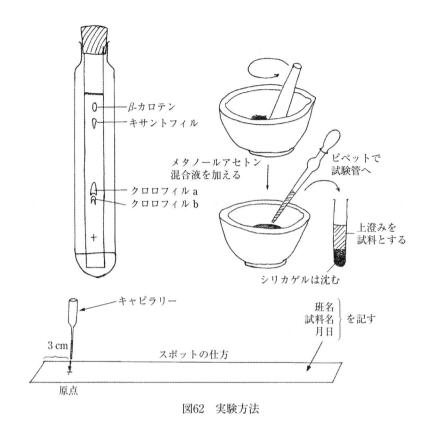

図62　実験方法

ゲルの潰れる音がしなくなり，乳棒が滑らかに回るようになるまですり続ける．⑤全体がペースト状になったら抽出液を 1 mL 加え，乳棒ですりながらよく混ぜ，さらに抽出液を 4 ～ 6 mL 加え，全体が一様になったら駒込ピペットで液体部分を吸い上げ，試験管に移し，上澄液を試料として用いる．

(b)ろ紙への試料のつけ方

①長さ40cm 幅 2 cm のクロマトグラフィー用ろ紙の一端から 3 cm のところに硬い鉛筆で小さい＋印を書き，これを原点とする．ここに試料の上澄液をキャピラリーで小量押しつけて浸み込ませる．

②浸み込んだ試料が乾くごとに 3 ～ 5 回繰返し，原点に十分な量を浸み込ませる．このとき，原点の浸み込みあとがあまり大きくならぬよう，狭い範囲に濃くつけるようにする．また，原点の反対側に班名，試料名を鉛筆で書いておく．

(c)クロマト管による展開の仕方

①それぞれの試料をつけたろ紙は，原点を下にして，上端をクロマト管のゴム栓の切れ込みの間に挟んで，クロマト管に挿入する．クロマト管は垂直に立て，展開溶媒としてトルエンを約20mL入れる．ろ紙を挿入したときの原点の先が1.5～2.0cm ぐらいトルエンに浸っているのがよい．

②トルエンにろ紙が触れた時間を記録し，展開溶媒が毛細管現象によって上昇してゆくのを観察する．原点に浸み込ませた試料も黄色や緑のスポットに分かれて上昇してゆく．

③展開溶媒の先端が18～20cm 上昇するまで約 1 時間待つ．

⒟ Rf 値の測定

①色々な色素のスポットは，ろ紙が展開溶媒で湿っている間は見やすいが，乾くと見にくくなる．また展開溶媒の先端の位置はすぐ見えなくなる．

②展開を止めるとき，HB ぐらいの鉛筆を用意し，ろ紙の上に展開溶媒の先端の位置の線を書く．そして肉眼で認められるすべてのスポットの輪郭と中心点にマークをつける．色調も乾くと変化するから湿っていたときの色もノートに記録しておく．次いで原点からそれぞれのマークまでの長さを測り，Rf 値を計算する．

⑷　実験上の注意

①この方法で展開した場合，シロツメクサのクロマトグラフは Rf 値の大きい方から β-カロテン（β-Carotene），キサントフィル（Xanthophyll），クロロフィル a（Chlorophyll *a*），クロロフィル b である．マクサの場合はフィコエリスリン（Phycoerythrin），フィコシアニン（Phycocyanin），クロロフィル a となる．またニンジンは β-カロテンを含んでいる．しかし抽出法が悪いとすべて上記の通りに出現するとは限らず，長く伸びたスポットになり，分離が不十分になることもある．色の薄いスポットは確認しにくいので試料をよくすり潰し，濃い上澄液を用いることも大切である．

②結果は各班でレポートとして取りまとめ，展開時間，Rf 値などを記録し，展開したろ紙もレポート用紙に貼りつけて提出する．

③実験終了後の後片づけ，器具の洗浄なども実習項目のうちであるので注意すること．特に乳棒・乳鉢はていねいに洗って水を切っておくようにする．

17　薄層クロマトグラフ法による海藻の色素の分離

原理は前章のペーパークロマトグラフ法と同じである．しかし，展開時間が短く，色素がきれいに分離できる点で優れた方法である．

この実験をとおして，陸上の植物のほとんどが緑色であるのに対し，海藻の色は様々であるが，それらの海藻のもつ色素は何なのか，また，それをもとに，なぜ色素が異なるかを考察する．

(1)　実験材料

(a)ワカメ　*Undaria pinnatifida*

(b)マクサ　*Gelidium elegans*

(c)アオサ　*Ulva pertusa*

(d)ホウレンソウ　*Spinacia oleracea*

(2)　実験器具

①マイクロチューブ（1.5mL）　②乳鉢・乳棒（4組）　③キャピラリー（4本）　④パスツールピペット（4本）　⑤シリカゲル　⑥展開槽　⑦チューブ立て　⑧薬さじ　⑨ピンセット　⑩抽出液（ジエチルエーテル，約1mL）　⑪展開溶媒（石油エーテル：アセトン＝3：2（体積比）混合液，約20mL）　⑫電子天秤　⑬遠心分離器　⑭高真空用グリース　⑮TLCプレート（6.5×10cm）　⑯雑巾（4枚）

(3)　実験方法

①海藻3種とホウレンソウ各0.6gを，シリカゲル1.5gとともに，それぞれ別の乳鉢に入れ，乳棒ですり潰す．実験台を傷つけないように，乳鉢の下に雑巾をしく．なお，材料の水分含量を考慮して加えるシリカゲルの量は適宜変更してもよい．

②すり潰すことが難しい材料の場合は，事前に材料を乳鉢の中でハサミを使用して細かく刻む．

③①でできた粉末0.4gをマイクロチューブに薬さじを使用して入れ，抽出液約1mLを加え，蓋をしてよく攪拌する．

④試料の入った各マイクロチューブに油性ペンを使用して材料名，班番号を書く．

⑤④のマイクロチューブを遠心分離器にかける．

⑥沈殿と上澄液に分離するので，上澄液（抽出された色素液）をパスツールピペットで取り，新しいマイクロチューブに移し，蓋を閉める．この時，色素液が薄い場合には，マイクロチューブの蓋を開け，色素液を濃縮する．

⑦TLCプレートの上端と下端それぞれから1.5cmの位置に鉛筆で水平線を引く．下端側に引いた線には，1.3cm間隔に＋の印（4カ所）をつけ，これを原点とする．⑥で分離した4種類の上澄液をキャピラリーを使用して，原点にしみ込ませる．このときスポットが大きくならないように少量ずつ，繰り返ししみ込ませる．

⑧展開溶媒を5〜6mmの深さに入れた展開槽に⑦のTLCプレートをピンセットで垂直になるように静かに入れ，蓋をする．

⑨展開溶媒の先端がTLCプレートの上端から1.5cmの位置に引いた水平線に達したら，実験を終

了させ，展開槽からTLCプレートをピンセットを使って引き上げる．

⑩色素はすぐに消えやすいので，分離された色素の輪郭と中心に鉛筆でマークをつける．

⑪分離された色素のRf値（P65参照）を計算し，色調も同時に記録して色素を同定する．

(4)　実験上の注意

①試料は採集したものが望ましいが，入手が困難な場合には市販されている海藻でもよい．食用の「青のり」（緑藻，アオサの一種），乾燥ワカメ（褐藻），乾燥スサビノリ（紅藻）を利用してもよい．採集したものは入手後，冷凍しておくと脱水され，水分がなくなり，濃度の高い試料が得られる．

②展開溶媒は実験の直前に調製し，高真空用グリースを塗った展開槽に入れて密閉しておく．

③ジエチルエーテルは揮発性が高く，麻酔性があるので扱いには特に注意が必要である．

④TLCプレートを展開槽に入れる際に，展開槽内壁面にプレートが触れないようにする．触れると色素の進行方向が曲がって上昇する原因となる．

⑤TLCプレートはシリカゲルの粉末を圧着させたプラスチック製のプレート（MERCK社 Silica gel 60F$_{254}$，20×20cm）がよい．

(5)　参考

　この方法で分離できる色素は脂溶性の色素であり，水溶性の色素は分離できない．海藻のもつ脂溶性の色素は以下の通りである．

表4　海藻のもつ脂溶性の色素

	紅藻	褐藻	緑藻
クロロフィル	a	a, c	a, b
カロテノイド	β-カロテン	β-カロテン	β-カロテン
	ルテイン	フコキサンチン	ルテイン
			ビオラキサンチン
			ネオキサンチン

18　ショウジョウバエの観察

　ショウジョウバエ Drosophila は節足動物門 Arthropoda，昆虫綱 Insecta，ハエ（双翅）目 Diptera に属するが，T.H. モーガンが用いて以来遺伝学の実験材料として有名である．ショウジョウバエは飼育が容易で，世代も短く，染色体数は $2n = 8$ 本でしかも大きな唾腺染色体が幼虫で見られるなど実験材料として優れた特性をもっている．ここではこのような昆虫がどのような形態をもっているか調べる．

　節足動物には昆虫のほかに多くの種類が含まれ，エビ・カニ類の甲殻類 Crustacea やクモ・ダニなどの蛛形類 Arachnoidea もこれに属する．昆虫綱だけで75万種あるといわれ，種類数の多いことではほかに比較するものがない．

　ショウジョウバエは小型のハエで英名を fruit fly というように，果物を好む種類である．遺伝の実験に用いられたキイロショウジョウバエ *Drosophila melanogaster* は体長 2 mm 程度，大型の種類でも 3 mm ぐらいである．ショウジョウバエ科のハエは複眼が赤く，触角 antenna に羽状の触角剛毛 arista をもち翅の前縁翅脈の基部に 2 個の切れ目があるなどの特徴をもっている．この実験では，ショウジョウバエの形態を調べる．

⑴　材料の採集法

　野外で香りのよい果物を日かげに置くと意外に多くのショウジョウバエが集まってくる．アイスクリームのカップに潰したバナナを入れ，これに生のパン酵母を水に溶いてかけ，木立の間や八百屋，果物屋の店の付近などに置くと，数時間後にこのカップにかなりのショウジョウバエが集まっている．ただし，5〜6月頃と10月頃が一番よく集まり，夏と冬はあまりとれない．ショウジョウバエが集まっていたら捕虫網をかぶせてハエを網に入れ吸虫管で集める．

　採集したショウジョウバエはエタノール液浸標本として観察を行う．ショウジョウバエの数が足りないときは，生かしたものを飼育して増殖させればよい．

⑵　実験器具

①シャーレ　②ピンセット　③柄付針2本　④実体顕微鏡　⑤生物顕微鏡

⑶　実験方法

①次の各図のスケッチを行う．a ショウジョウバエの側面図，b 腹部先端の腹部図，c 翅をとりはずし翅脈図，d 頭部をとりはずし，頭部正面図．

②シャーレにエタノールを深さ 1 mm ぐらい入れ，その中にショウジョウバエを浸して観察する．実体顕微鏡を使い，低倍率で全体の形を，高倍率で剛毛の生え方や位置をよく見きわめてスケッチする．

③側面図のスケッチで腹部の体節の数，3 対の脚の体節の数，胸部背面の剛毛の位置と数など正確に調べる．

④腹部の先端を腹側から見て雌雄の違いを調べる．雄は一般に腹部背側の黒い節が幅広く，腹側の末端に交尾のための把握器 clasper をもつ．

⑤a b のスケッチが終ったら柄付針2本を用いて1つの翅を基部からとりはずし，c に移る．翅だ

けを平面に伸ばし，翅脈の走り方，前縁翅脈の剛毛がどこまであるか，翅室の形などを正確にスケッチする．このとき翅をスライドグラスの上に置き，エタノールを1滴加えてカバーグラスをかけ，実体顕微鏡を用い，40倍ぐらいの倍率で細部を調べてもよい．

⑥ bでは頭部を取りはずして，正面から見た頭部の図を描く．このとき口器の形や，口器付近の剛毛，触角および触角剛毛，単眼・複眼の形態を正確にスケッチする．

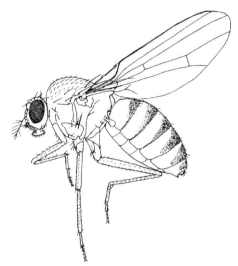

図63　オオショウジョウバエ
Drosophila immigrans の側面図

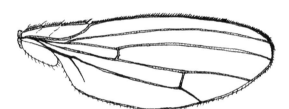

図64　オオショウジョウバエの右翅の拡大図

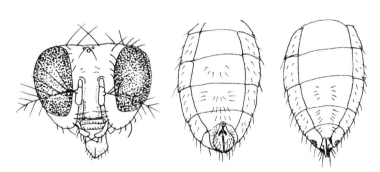

図65　オオショウジョウバエの頭部正面図（左）と雄（中）・雌（右）の腹部図

19 原生動物の観察

　近年「原生動物」や「原生生物」という用語は，分子遺伝学的な分類手法が取り入れられるようになってから，系統分類の世界ではほとんど使われなくなった．特に原生動物には分類学的に確立された定義がなく，現在では便宜的に単細胞性の体制をもつ真核生物の中の1グループの総称として扱うことが多くなっている．そのため，この生物学実験では次の特徴をもつ微生物を原生動物として扱うこととする．その特徴とは，細胞1個体で，運動，食物摂取，排出，分裂（増殖），接合など種々の機能を備えているということである．しかし，大きさは顕微鏡的なものがほとんどである．水中を自由に遊泳するもの，固着性で群体をつくるもの，寄生性（マラリア病原虫など）のものなど生態も形態も多様である．運動性により4群に大別されている．

①鞭毛 flagellum をもつもの鞭毛虫類 Flagellata，ミドリムシ *Euglena* やケラチウム，トリパノソーマなど．
②仮足 pseudopodium をもつもの根足虫類 Rhizopoda，アメーバなど．
③繊毛 cilia をもつもの繊毛虫類 Ciliata，ゾウリムシ *Paramecium*，ツリガネムシ *Vorticella* など．
④運動性がなく，胞子法でふえるもの，胞子虫類 Sporozoa．

　　今回の実験では培養液中で増殖させたゾウリムシを観察し，次に，汚水処理場で主役として働いている活性汚泥中の原生動物にどんなものがいるか調べる．活性汚泥生物には原生動物以外にも多くのものが混生しているが輪形動物に属するワムシ類 Rotifera もよく出現する．そこで，マダイなどの稚魚飼育に培養されているシオミズツボワムシ *Brachionus plicatilis* についても観察してみる．

(1)　実験材料
(a)ゾウリムシ *Paramecium caudatum*
(b)ツリガネムシ *Vorticella* sp.，ムレケムシ *Epistylis* sp.，ジクムレケムシ *Carchesium* sp.，有殻アメーバなど
(c)シオミズツボワムシ *Brachionus plicatilis*

(2)　実験器具
①生物顕微鏡　②スライドグラス　③カバーグラス　④脱脂綿　⑤駒込ピペット　⑥ろ紙など

(3)　実験方法
(a)ゾウリムシ
　ゾウリムシにも数種が知られているが，大型の *Paramecium caudatum* について調べる．
①ゾウリムシの培養液を駒込ピペットでスライドグラス上に1滴とり，そのまま生物顕微鏡のステージ上に置く．まず，低倍率でゾウリムシの個体数を調べる．このとき，暗視野にするとゾウリムシは白い点となって動くから数えやすい．
②ゾウリムシの個体数を確認したら，ごく小量の脱脂綿（米粒ぐらい）をとり，カバーグラスの大きさほどに薄く広げて，ゾウリムシの入っている水滴の上にのせ，カバーグラスをかぶせる．余分の水分はろ紙などで吸いとって，水量を徐々に減らしながら観察する．ゾウリムシは脱脂綿の

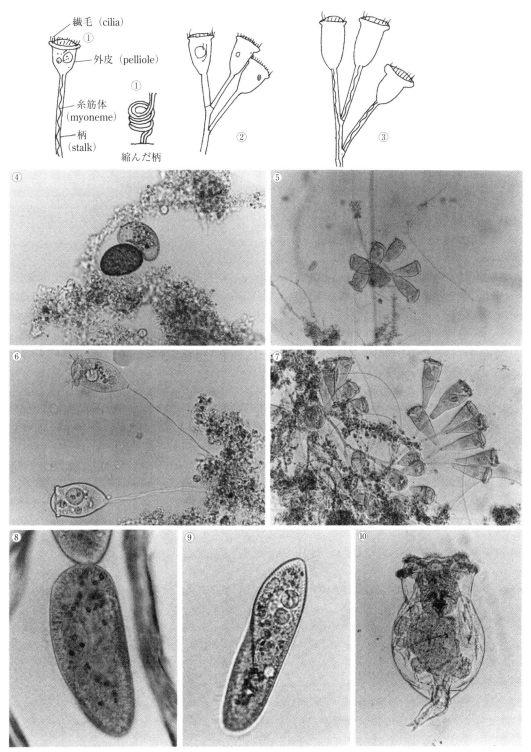

図66　様々な原生動物とワムシ．①⑥ツリガネムシ，②⑦ムレケムシ，③⑤ジクムレケムシ，④有殻ア
メーバ，⑧綿の繊維の間で分裂したゾウリムシ，⑨ゾウリムシ，⑩シオミズツボワムシ

繊維の間で次第に動きを制限され観察が容易になってくる.

③形態をスケッチする. ゾウリムシは先がやや尖った流線形をしており, 全身に繊毛 cilia をもち, 滑らかに水中を泳ぐ. 体内には大小の2つの核, 細胞口 cell mouth (cytostome), 食胞 food vacuole, 収縮胞 contractile vacuole が見られる. また分裂中のものや, 接合 conjugation 中のものが見られることもある.

(b)繊毛虫類または有殻アメーバ類

ほとんどの下水処理場では活性汚泥生物群 activated sludge organisms と呼ぶ微生物の力によって水を浄化している.

活性汚泥の中には細菌類, 原生動物類, ワムシ類や糸状菌類も含まれるが, 汚水に空気を送ってかき回しながらこれら活性汚泥生物を作用させると, 短時間に BOD (生物化学的酸素要求書) の値が20ppm 以下に浄化してしまう. この中にはゾウリムシと同じ繊毛虫類で固着性のツリガネムシ, ムレケムシ, ジクムレケムシなどが見られる. これらの繊毛虫は汚泥の活性が高いときに多い. 活性が低いときには糸状菌が多い. このほか有殻アメーバの Arcella がよく出現する.

①エアーポンプで攪拌してある活性汚泥を1滴スライドグラスに取り, カバーグラスをのせて検鏡し, 固着性の繊毛虫2種類をスケッチする.

②ツリガネムシ, ムレケムシ, ジクムレケムシなどの区別は主に柄の部分の特徴による.

(c)ワムシ

ワムシは輪形動物門 Rotifera, 単生殖巣綱 Monogononta に属する. 大部分は淡水産であるが, 海水中にも分布するシオミズツボワムシは, 背甲長100〜300 μm くらいで, 口の小さい孵化したばかりの稚仔魚を育てるときに都合のよい餌生物として大量培養の研究が進んでおり, 水産上注目されている. 春から夏の条件のよいときは, 単為生殖により雌が産んだ卵から雌ばかりが生じる. そして水温の低下などの刺激によりいくつかの過程を経て小形の半数性の雄が生じ, 有性生殖によって卵殻の厚い耐久卵 cyst を産んだのち成体は死亡する.

①シオミズツボワムシの培養液を1滴とり, ゾウリムシと同様に動きを少なくしてから形態をスケッチする.

②この際次の部分をスケッチ上に示す.

　(1)繊毛環 trochus, (2)眼点 eye spot, (3)咀嚼器 trophi, (4)足部 foot, (5)爪 toe

20　水生昆虫

　川の汚染がしばしば問題にされているが，川の水質を調べる方法として，BOD（生物化学的酸素要求量），COD（化学的酸素要求量）などを調べる化学的な方法，大腸菌群の数などを調べる細菌学的な方法とその川に棲んでいる生物を調べてその結果から判断する生物学的な方法がある．ここでは比較的採集の容易な河床動物，主として水生昆虫を取り上げる．

　生物学的な方法にも対象とする生物によって採取方法や処理法が異なる．魚類のような移動力の大きいもののときは採集のために相当の努力が必要になる．これら水生昆虫はカゲロウ，カワゲラ，トビケラなどの幼虫が多く採集も容易である．

　いずれも肉眼で確認できる大きさであり，ルーペを用いて細部を調べればほとんどのものが種名まで同定できる（検索表の使い方参照）また生態についても詳しく研究されていて，その生物が汚染に耐えられない清流系の非耐忍種 intolerant species であるか，多少の汚染には耐えられる耐忍種 tolerant species であるかも調べられる．

　川は上流から下流に向かって種々のものが変化してゆく．水流は上流で速く，下流で緩やかになり，水温は上流で低く，下流では上昇する．溶存酸素は上流で豊富で，下流で低下する．水量は逆に上流で少なく，下流で多い．河床の礫の大きさは上流は大きいものが多く，下流では小さい砂利状になる．人工的な汚水の流入も，上流ではほとんどなく，下流ほど多くなる傾向をもつ．このような多くの要因の複合された結果が，そこの河床動物の分布を決めると考えられている．

　この実験では川に棲んでいるカゲロウ，カワゲラ，トビケラなどの水生昆虫や河床動物の種類構成から，逆にその川の環境の程度を測定する生物指標や生物学的水質判定の考え方を学ぶ．この方式の1つに Beck-津田法がある．川のある地点から，河床動物を採集し，得られた種類を汚濁に耐えられない非耐忍種と汚濁に耐えて生息できる耐忍種に分ける．非耐忍種の種類数を A，耐忍種の種類数を B とするとこの合計を Biotic Index という，すなわち 2A + B = Biotic Index となる．

　この値は化学的な BOD や COD などの値とおおむね平行的に変化するので，川の状態を把握するのに役に立つデータと考えられている．

⑴　実験器具

①50cm 角針金枠　②ちりとり型サバーネット　③70％エタノール　④標本ビン　⑤管ビン　⑥ピンセット　⑦シャーレ　⑧柄付針　⑨実体顕微鏡　⑩水生昆虫図鑑

⑵　実験方法

(a)水生昆虫の採集法（コドラート法）

①採集地点を決める．1つの川の上流から下流まで何地点かで採集して，地点間の比較ができることが望ましい．水深30cm ぐらいの平瀬で，河床が礫であるところがよい．雨後の増水のときを避け，安定した流れのときに採集を行う．

②このときは50cm 角の方形枠を沈め，その下流側に，底が50cm 角で深さ30cm のちりとり型サバーネットを置き，方形枠内の小石や礫をすべてサバーネットに移し，ネット内で小石に水生昆虫や河床動物がついていないかどうかを調べる．生物のいない石は川に戻し，生物は次々と70％エタノールをいれた管ビンに取る，サバーネットの中の石を全部調べ，ネット内に残っているもの

76

を取り尽くしたら次の地点に移る.

(b)種類の同定

①採取した標本を調べ種名を同定するには検索表が必要である. これには実体顕微鏡で材料の細部をよく観察し, 検索表と対照しながらその生物の属する目, 科, 属を順に調べ, 1つの属の中でどの種に属するかを明らかにしてゆく.

②検索表の使い方は, 次の21章にカゲロウ目の中のヒラタカゲロウ科を例にして説明してあるから, これを参照のこと. 水生昆虫全般については川合禎次・谷田一三編, 東海大学出版部刊の『日本産水生昆虫』が参考になる.

③水生昆虫以外のもの, 巻貝類, ヒル類, ミズムシ類などは動物図鑑を用いて可能な限り同定を行う.

(c) Biotic Index の計算法

①まず同定された種が intolerant 種か tolerant 種かを判別する. intolerant 種とは貧腐水性生物をいい, tolerant 種とは中腐水性と強腐水性生物をいう. 水生昆虫の主なものについて述べると, 次のように分けられる.

　ⓘカワゲラ目はすべて intolerant.

　ⓘⓘカゲロウ目では, コカゲロウ科の一部を除いて intolerant, コカゲロウ属 (*Baetis*) は tolerant.

　ⓘⓘⓘトビケラ目では, コガタシマトビケラ, エグリトビケラを除けば intolerant.

　ⓘⓥトンボ目は, ムカシトンボやダビドサナエなどを除くとカワトンボ, ハグロトンボ, シオカラトンボなどは tolerant.

　ⓥハエ目では赤いユスリカ, チョウバエ, ミズアブなどは tolerant, ブユ科, アミカ科のものは intolerant.

　ⓥⓘこのほかヘビトンボは intolerant, ゲンゴロウ科, ミズスマシ科などのコウチュウ目は tolerant である.

　ⓥⓘⓘ昆虫以外では, カワニナ以外の巻貝, モノアライガイ, サカマキガイ, ヒメモノアライガイ, 環形動物のイシビル, シマイシビル, イトミミズなどは tolerant. 甲殻類のミズムシも tolerant である.

②これにしたがい intolerant の種類数を A, tolerant の種類数を B として, 2A + B の値 Biotic Index (BI) を求める.

③表5にしたがって水質の階級を各ステーションについて求め, 同定結果とともにレポートにまとめる.

(d)水質階級指標種による水質判定法

　河川の水深30cm 程度の浅いところに生息している河川の水生生物について, 環境省が4つの水質階級Ⅰ～Ⅳに分け, それぞれの水質を指標する生物5～9種を指定している. この生物は水生昆虫を主体とし, 貝類やエビ・カニなどが含まれている.

　これらの生物は全国的にみても分布が広く, 春から夏にかけてはある程度多くの個体数が得られるもの, 種類名の同定が簡単なものが選ばれている. その上, 水温の変動には強く, 水の汚れに敏感なものが選ばれている.

　河川の或る地点で水生生物を採集し, 次の表5にある指標生物が見つかるかどうか調べる. ここで見つかったものには○ (白丸) を付ける. 白丸の付いたもののうち, 個体数の多い上位2種 (ほぼ同数のものがいた場合は最大3種まで) には● (黒丸) を付ける.

　この地点で得られたものはどの水質の指標種かを調べ，各水質階級に白丸と黒丸がいくつ付けられたかを記録し，各階級ごとの出現種類数の合計から，その地点の水質階級を判断する．

　これに水温，水流の早さ，川の底質の状態，石の大きさや丸み，人工的な汚れの有無，指標生物以外の魚・鳥・水草などの状況も記録して参考にする．

　この方法はBiotic Index を算出するのに比べて，比較的多く出現する生物から判断でき，水生生物の同定にあまり多くの労力を必要としないので，少し慣れれば学童でも調査可能であることから，近頃多くの調査に採用されている．

〔環境省水質保全局編：川の生きものを調べよう―水生生物による水質判定（2000）〕

表5　水質階級と指標生物の一覧

水質階級 I	水質階級 II	水質階級 III	水質階級 IV
きれいな水	少しきたない水	きたない水	大変きたない水
1．アミカ	1．イシマキガイ	1．イソコツブムシ	1．アメリカザリガニ
2．ウズムシ	2．オオシマトビケラ	2．タイコウチ	2．エラミミズ
3．カワゲラ	3．カワニナ	3．タニシ	3．サカマキガイ
4．サワガニ	4．ゲンジボタル	4．ニホンドロソコエビ	4．セスジユスリカ
5．ナガレトビケラ	5．コオニヤンマ	5．ヒル	5．チョウバエ
6．ヒラタカゲロウ	6．コガタシマトビケラ	6．ミズカマキリ	
7．ブユ	7．スジエビ	7．ミズムシ	
8．ヘビトンボ	8．ヒラタドロムシ		
9．ヤマトビケラ	9．ヤマトシジミ		

⑶　実験上の注意

　生物を採集するとき，足がとれたり，鰓がちぎれたりすると後で同定しにくくなる．腰の軟らかいピンセットでていねいに採集しなければならない．

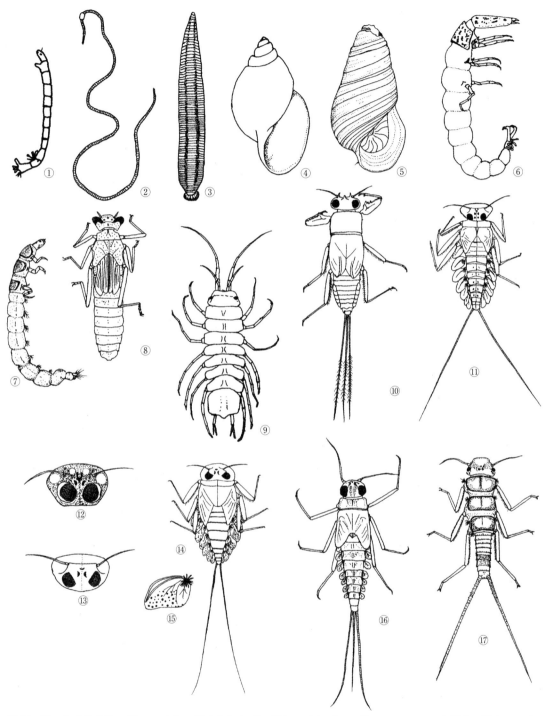

図67　様々な水生生物．①ユスリカ，②イトミミズ，③シマイシビル，④ヒメモノアライガイ，⑤カワニナ，⑥ヒゲナガカワトビケラ，⑦ウルマーシマトビケラ，⑧ムカシトンボ，⑨ミズムシ，⑩ヨシノマダラカゲロウ，⑪ウエノヒラタカゲロウ，⑫ナミヒラタカゲロウ頭部，⑬キイロヒラタカゲロウ頭部，⑭エルモンヒラタカゲロウ，⑮エルモンヒラタカゲロウの鰓，⑯コカゲロウ属，⑰カワゲラ属（縮小率は一定でないので実際の大きさは図鑑で調べること）

21　検索表の引き方

　種名のわからない生物の名を調べるときの重要な手引書が検索表である．検索表は通常二岐分類表になっていて，記されている分類上の重要な特徴を順にたどっていけば，未知の種の種名が得られるようにつくられている．ここでは，水生昆虫のうちカゲロウ目を例にとって説明しよう．

①3対の脚をもつ水生昆虫の幼虫の中でカゲロウ目のものは脚の先端の爪が1つずつで，鰓が腹部側面に7対つく．尾は2本または3本で長い．体は細長かまたは扁平であり口は噛む構造で，ストロー状の吸液性ではなく，下顎が伸びてヤゴのように蝶つがい状に折りたたまれることもない．このような項目に該当するものがあったらカゲロウ目なので表6の検索表で確認し，科の検索に移る．

②表7と図70はカゲロウ目幼虫の科の検索表および科の検索図である．この中から幼虫の形が平板状に見えるヒラタカゲロウ科を検索してみよう．

　1a，1bの項では鰓が葉状，大顎が突出しないから1bに入り，4に進む．複眼が背面についている点から5に進み，体が扁平で鰓が7対腹側にあり，前脚内縁に長い剛毛のないという特徴から5aのヒラタカゲロウ科となる．ヒラタカゲロウ科のものであることがわかったら，表8と図71の属の検索表と検索図に移る．日本産のヒラタカゲロウ科には6属知られており，そのうちのどれかに属する．

③属名が判明したら表9と図72の種名の検索表と検索図によって，種名を同定する．ここではヒラタカゲロウ属 *Epeorus* についてのみ種名までの検索表をのせてある．この属の日本に産するものには形態のよく似た7種が知られている．

④検索表は種名を調べるのに便利なものであるが記述してある内容を完全に理解せず，間違った方に進むと誤同定する．このため，検索表によって種名をえたら，もう一度その種の特徴解説と照合し，大きさ，形態，生態，分布などの項目で矛盾がないか否かを検討した上で種名を決定する．

⑴　実験器具
①ピンセット　②柄付針　③実体顕微鏡　④シャーレ　⑤検索表　⑥動物図鑑

⑵　実験方法
①材料として与えられた水生昆虫の幼虫をよく観察し検索表と対照しながら同定を行う．
②このとき科名からはじめ，属名，種名と順に検索し，それぞれの同定結果が明らかなスケッチを描く．同時に同定理由をレポートに記入して提出する．

⑶　実験上の注意
①材料はエタノール液浸標本となっているから，尾，触角，脚などは折れたり取れたりしやすいので，破損させないよう十分注意する．
②検索表に使われている幼虫の各部位の名称は，図68，69を参照して確かめておく．

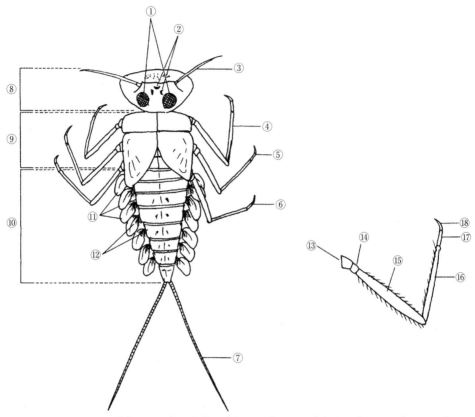

図68　ヒラタカゲロウ科幼虫の部位の名称．①複眼，②単眼，③触角，④前脚，⑤中脚，⑥後脚，
　　　⑦尾毛，⑧頭部，⑨胸部，⑩腹部，⑪鰓（鰓葉），⑫糸状鰓，⑬基節，⑭転節，⑮腿節，
　　　⑯脛節，⑰跗節，⑱爪

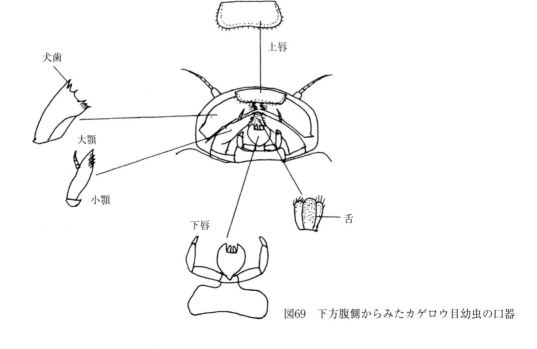

図69　下方腹側からみたカゲロウ目幼虫の口器

表6　目の検索表

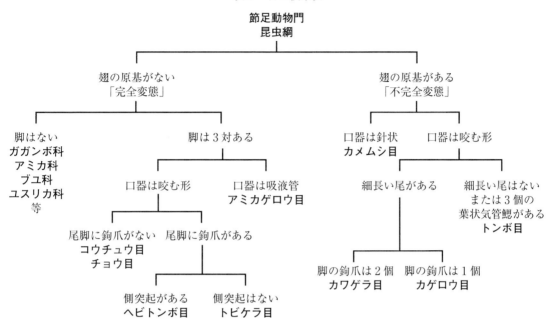

表7　カゲロウ目の科の検索表

1a　鰓は二叉し，その縁辺は羽毛状に細裂している；大顎の先端は頭部前端より前方に突出する …………2

1b　鰓は葉状か糸状のものが集まって総をなし，鰓の縁辺が羽毛状に細裂することはない，大顎は短くて
　　　頭部の前端をこすことはない ……………………………………………………………………………4

2a　鰓はねじれて腹部背面を被う …………………………………………………………………………………3

2b　鰓はまっすぐで体の側後方に向かい，腹背を被うことはない ……………カワカゲロウ科 Potamanthidae

3a　後脚の脛節内側末端には長大な棘状突起がある；大顎の牙状突起は長く，側面より見たとき先端は上方
　　　に曲がる．頭部前縁突起は尖端で二叉する …………………………………モンカゲロウ科 Ephemeroidae

3b　後脚の脛部末端には棘状突起がなくまるくなっている；大顎の牙状突起の先端は下方に向かって曲が
　　　る．頭部前縁突起は弧状である ………………………………………シロイロカゲロウ科 Polymitarcidae

4a　複眼は頭部の背面につく ………………………………………………………………………………………5

4b　複眼は頭部の側面につく ………………………………………………………………………………………6

5a　体は頭部を含めて著しく背腹に扁平；鰓は第1～7腹節にあるのみ
　　　………………………………………………ヒラタカゲロウ科 Heptageniidae（Ecdyonuridae）

5b　体はいちじるしく背腹に扁平ではない；鰓は第1～7腹節のほか小鰓の基部に総状の糸状鰓がある．
　　　前脚内縁に長い剛毛を列生する ………………………………………ヒトリガカゲロウ科 Oligoneuriidae

6a　3本の尾毛のうち，外側の2本は内側にのみ毛をもつ．〔ただし，Pseudocloeon の尾毛は2本で毛を有
　　　しない〕……7

6b　3本の尾毛のうち，外側の2本は内外側とも毛をもつ………………………………………………………9

7a　各腹節の両側は後向きの鋭い突起となり，後方の腹節ほど強大 …………………………………………8

7b　各腹節の両側は後向きの突起に延伸しない ………………………………………… コカゲロウ科 Baetidae

8a　鰓は第1～7腹節にある．単一または第1～2腹節が二重．前脚に剛毛列がない
　　　………………………………………………………………… フタオカゲロウ科 Siphlonuridae

8b　鰓は第1～7腹節にあるほか，小鰓の基部および前脚の基部に総状の糸状鰓がある．前脚には長い剛毛
　　　列がある．………………………………………………………………チラカゲロウ科 Isonychiidae

9a　鰓は7対．第1～7腹節につく …………………………………… トビイロカゲロウ科 Leptophlebiidae

9b　鰓は5対または6対 …………………………………………………………………………………… 10

10a　鰓は5対．第3～7腹節につく ………………………………… マダラカゲロウ科 Ephemerellidae

10b　鰓は6対．第1～6腹節につき，第1対は痕跡，第2対は大形で残り4対を被う
　　　…………………………………………………………………… ヒメカゲロウ科 Caenidae

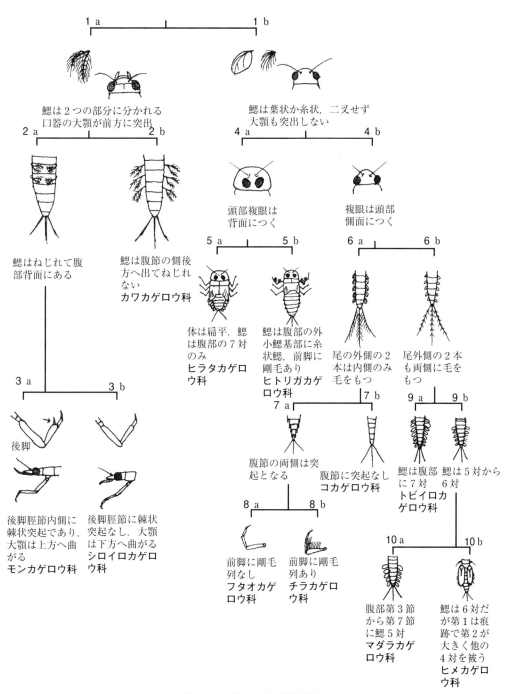

図70 カゲロウ目の検索図

表8　ヒラタカゲロウ科 Heptageniidae（Ecdyonuridae）の検索表

　本科の幼虫は渓流性幼虫の主要要素で，体全体がいちじるしく扁平であるのが特徴である．体長は10～15mm でカゲロウ類では中形に属する．日本各地の河川の上流より下流に渡り，主として瀬の石礫底に生息するが，湖岸の石礫底などからも発見されている．日本産のこの科にはオビカゲロウ属 *Bleptus*，ヒラタカゲロウ属 *Epeorus*，タニガワカゲロウ属 *Ecdyonurus*，キハダヒラタカゲロウ属 *Heptagenia*，ミヤマタニガワカゲロウ属 *Cinygma*，ヒメヒラタカゲロウ属 Rhithrogena など6属が知られている．ヒラタカゲロウ科には年1世代種と2世代種とが知られている．渓流魚の釣餌として用いられるヒラタやセムシなどはこの科の幼虫を指している．羽化は早春から晩秋に渡る．

1a　尾は2本 ·· 2
1b　尾は3本 ·· 3
2a　鰓の第1対は鰓葉の方が糸状鰓よりも大きい ································· ヒラタカゲロウ属 *Epeorus*
2b　鰓の第1対は鰓葉の方が糸状鰓よりも小さい ································· オビカゲロウ属 *Bleptus*
3a　尾には毛がある：大顎の側縁には毛が密生している ··· 4
3b　尾には毛がない：大顎の側縁には毛がない ··· 5
4a　尾には毛がある；前胸背板の側縁は後方に伸びて中胸の前部におよぶ
　　·· タニガワカゲロウ属 *Ecdyonurus*
4b　尾には毛が密生している；前胸背板の側縁は後方に延伸しない
　　··· キハダヒラタカゲロウ属 *Heptagenia*
5a　鰓葉の第1対は大形で，腹面で左右相接する；糸状鰓はよく発達している
　　··· ヒメヒラタカゲロウ属 *Rhithrogena*
5b　鰓葉の第1対は普通で，腹面で左右相接することはない；糸状鰓の発達が悪く最後の対の鰓にはこれを
　　欠く ··· ミヤマタニガワカゲロウ属 *Cinygma*

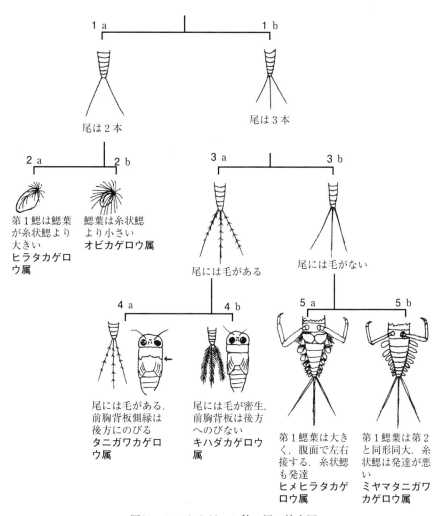

図71　ヒラタカゲロウ科の属の検索図

86

表 9　ヒラタカゲロウ属 *Epeorus* の検索表

　溪流に広く分布し，主として早瀬の石面に付着して生活している．わが国からは成虫，幼虫ともに7種が知られている．

1a　第1鰓葉は第2鰓葉よりも大きく，腹面で左右相接する ……………………………………………… 2
1b　第1鰓葉と第2鰓葉とはほぼ同じ大きさで，腹面で左右相接することはない …………………………… 4
2a　体は暗褐色，頭部前縁部には斑紋がない ………… オナガヒラタカゲロウ *Epeorus hiemalis*（Imanishi）
（体長10～13mm．日本に広く分布．山地溪流の激流部に生息する．晩秋に羽化する．年1世代）
2b　体は淡褐色，頭部前縁の中央には濃色の縦条がある ……………………………………………………… 3
3a　頭部前縁部中央の濃色縦条の両側には2個の淡色斑がある
　　　　　　　　……………………………………… ウエノヒラタカゲロウ *Epeorus uenoi*（Matsumura）
（体長8～10mm内外．わが国に広く分布．山地溪流の激流部に生息する．春と秋の2回羽化する．年2世代）
3b　頭部前縁部中央の濃色縦条の両側は一様に淡色である
　　　　　　　　……………………………………… キイロヒラタカゲロウ *Epeorus aesculus*（Imanishi）
（体長10mm内外．日本に広く分布し山地溪流の上流域から源流域に渡って生息する．羽化は6～7月．年1世代）
4a　鰓葉には赤紫褐色の斑点がある …………………………………………………………………………… 5
4b　鰓葉には赤紫褐色の斑点がない …………………………………………………………………………… 6
5a　大小の赤紫褐色の斑点が鰓の半分以上に散在している
　　　　　　　　……………………………………… エルモンヒラタカゲロウ *Epeorus latifolium*（Ueno）
（体長10～15mm．日本の溪流に広く分布する普通種．晩春から初夏，初秋から晩秋にかけて羽化する．年2世代）
5b　小さい赤紫褐色の斑点が鰓の外縁側に沿って散在する
　　　　　　　　……………………………………… タニヒラタカゲロウ *Epeorus napaeus*（Imanishi）
（体長15mm前後．日本に広く分布し，山地溪流に生息する．羽化期は春．年1世代）
6a　頭部前縁部に4個の淡色斑があり，中央に位置する2個は円形で小さく外側に位置する2個は大きい．尾の長さは体長とほぼ等しい ………………… ナミヒラタカゲロウ *Epeorus ikanonis*（Takahashi）
（体長10mm前後．日本に広く分布し，山地溪流の激流部に生息する．早春に羽化する．年1世代）
6b　頭部前縁部中央に2個の相対するC形淡色斑があり，その外側に位置する斑紋は不明瞭．尾の長さは体長の約1.5倍 ………………… ユミモンヒラタカゲロウ *Epeorus curvatulus*（Matsumura）
（体長10～13mm．日本に広く分布し，山地溪流の激流部に生息する．中春～晩春と秋に羽化する．年2世代）

　表7～表9の検索表は川合禎次・谷田一三編，東海大学出版部刊の『日本産水生昆虫』の「カゲロウ目」（御勢久右衛門執筆）より引用した．

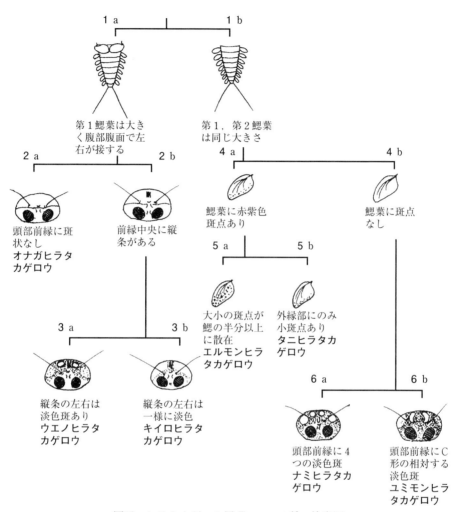

図72 ヒラタカゲロウ属 *Epeorus* の種の検索図

88

22 近点の測定

　我々の眼は毛様筋とチン帯の働きで水晶体の焦点距離を移動させて対象にピントを合わせている.
しかし対象があまり眼に近いと輪かくがぼけてはっきり見ることができない. はっきり見ることので
きる最も近い限界を近点という. 近点は年齢によって差があり, 歳をとると長くなる (表10). また
個人差も大きい.
　ここでは各自の近点を測定し, 次に学生10〜20名の近点値を無作為に抽出してその平均値と母集団
の平均値の推定を行う.

⑴ 実験対象
学生

⑵ 実験器具
近点測定器

⑶ 実験方法
①2名1組となり交互に近点の測定を行う. 近点測定器を眼にあてがい対象を遠方から次第に眼に
　近づける. 対象がわずかにぼけはじめた点での眼からの距離を目盛から読みとる. 3回繰り返し
　平均値を求める.
②クラス全員の近点の測定が終了したら集計し, その中から10〜20個の値を抽出し次の計算を行う.

　⒜平均値　　　$\bar{x} = \dfrac{\Sigma x}{N}$

　⒝平方和　　　$SS = \Sigma(x-\bar{x})^2 = \Sigma x^2 - \dfrac{(\Sigma x)^2}{N}$

　⒞分散　　$s^2 = \dfrac{SS}{N-1}$

　⒟標準誤差　　$s_{\bar{x}} = \sqrt{\dfrac{SS}{N(N-1)}}$

　⒠母平均の信頼限界　　　$L = \bar{x} \pm t_{N-1}(\alpha)s_{\bar{x}}$ （上限と下限と2つの値）

　　ただし　x：測定値, N：標本数, $t_{N-1}(\alpha)$：t分布表より有意水準 α 0.05, 自由度 $N-1$ の t 値
を読みとる.

表10　近点距離

年　　齢　(歳)	10	20	30	40	50	60	70
近点距離　(cm)	1	10	14	22	40	100	400

⑷ 実験上の注意
　眼鏡をかけている被験者はかけたまま測定してよい.

表11 *t*分布表

自由度	より大きい値を得る確率							
	0.500	0.250	0.100	0.050	0.025	0.010	0.005	0.001
1	1.000	2.414	6.314	12.706	25.452	63.656	127.321	636.578
2	0.816	1.604	2.920	4.303	6.205	9.925	14.089	31.600
3	0.765	1.423	2.353	3.182	4.177	5.841	7.453	12.924
4	0.741	1.344	2.132	2.776	3.495	4.604	5.598	8.610
5	0.727	1.301	2.015	2.571	3.163	4.032	4.773	6.869
6	0.718	1.273	1.943	2.447	2.969	3.707	4.317	5.959
7	0.711	1.254	1.895	2.365	2.841	3.499	4.029	5.408
8	0.706	1.240	1.860	2.306	2.752	3.355	3.833	5.041
9	0.703	1.230	1.833	2.262	2.685	3.250	3.690	4.781
10	0.700	1.221	1.812	2.228	2.634	3.169	3.581	4.587
11	0.697	1.214	1.796	2.201	2.593	3.106	3.497	4.437
12	0.695	1.209	1.782	2.179	2.560	3.055	3.428	4.318
13	0.694	1.204	1.771	2.160	2.533	3.012	3.372	4.221
14	0.692	1.200	1.761	2.145	2.510	2.977	3.326	4.140
15	0.691	1.197	1.753	2.131	2.490	2.947	3.286	4.073
16	0.690	1.194	1.746	2.120	2.473	2.921	3.252	4.015
17	0.689	1.191	1.740	2.110	2.458	2.898	3.222	3.965
18	0.688	1.189	1.734	2.101	2.445	2.878	3.197	3.922
19	0.688	1.187	1.729	2.093	2.433	2.861	3.174	3.883
20	0.687	1.185	1.725	2.086	2.423	2.845	3.153	3.850
21	0.686	1.183	1.721	2.080	2.414	2.831	3.135	3.819
22	0.686	1.182	1.717	2.074	2.405	2.819	3.119	3.792
23	0.685	1.180	1.714	2.069	2.398	2.807	3.104	3.768
24	0.685	1.179	1.711	2.064	2.391	2.797	3.091	3.745
25	0.684	1.178	1.708	2.060	2.385	2.787	3.078	3.725
26	0.684	1.177	1.706	2.056	2.379	2.779	3.067	3.707
27	0.684	1.176	1.703	2.052	2.373	2.771	3.057	3.689
28	0.683	1.175	1.701	2.048	2.368	2.763	3.047	3.674
29	0.683	1.174	1.699	2.045	2.364	2.756	3.038	3.660
30	0.683	1.173	1.697	2.042	2.360	2.750	3.030	3.646
31	0.682	1.172	1.696	2.040	2.356	2.744	3.022	3.633
32	0.682	1.172	1.694	2.037	2.352	2.738	3.015	3.622
33	0.682	1.171	1.692	2.035	2.348	2.733	3.008	3.611
34	0.682	1.170	1.691	2.032	2.345	2.728	3.002	3.601
35	0.682	1.170	1.690	2.030	2.342	2.724	2.996	3.591
36	0.681	1.169	1.688	2.028	2.339	2.719	2.990	3.582
37	0.681	1.169	1.687	2.026	2.336	2.715	2.985	3.574
38	0.681	1.168	1.686	2.024	2.334	2.712	2.980	3.566
39	0.681	1.168	1.685	2.023	2.331	2.708	2.976	3.558
40	0.681	1.167	1.684	2.021	2.329	2.704	2.971	3.551
45	0.680	1.165	1.679	2.014	2.319	2.690	2.952	3.520
50	0.679	1.164	1.676	2.009	2.311	2.678	2.937	3.496
60	0.679	1.162	1.671	2.000	2.299	2.660	2.915	3.460
70	0.678	1.160	1.667	1.994	2.291	2.648	2.899	3.435
80	0.678	1.159	1.664	1.990	2.284	2.639	2.887	3.416
90	0.677	1.158	1.662	1.987	2.280	2.632	2.878	3.402
100	0.677	1.157	1.660	1.984	2.276	2.626	2.871	3.390
∞	0.674	1.282	1.645	1.960	2.241	2.576	2.807	3.291

23　感覚閾値の測定

加えられた刺激は求心性神経により中枢（大脳）に達し，そこで刺激に対応する感覚が生ずる．感覚は主観的で数量的に表わすことが難しいが，感覚の閾値は数量的に測定できる．例えば重い荷物をもっているとき，その中からごくわずかの物を取り出しても，荷物が軽くなったとは感じない．

しかし取り出す物を増してゆくと，ついにはじめの荷物が軽くなったことがわかる．このときの限界の重量をはじめに加えられた重量刺激に対する識別閾値という．

ウェーバーは手の掌の重量感覚の実験から，はじめに加えられる重量刺激（基礎刺激量）の強さを R とし，これに対応する重量感覚の識別閾値 $\pm\Delta R$ とする $\frac{\Delta R}{R}$ 一定であることを見出した．これをウェーバーの法則という．中等度の刺激の下では重量感覚のみならず五感のすべてに原則として適用できる基本法則である．

ここでは種々の基礎刺激量について重量感覚閾値を測定し，ウェーバーの法則の妥当性について調べる．

(1)　実験対象
学生

(2)　実験器具
①電子天秤　②500mL ポリエチレン製ビーカー（2個）　③メスシリンダー　④駒込ピペット　⑤方眼紙　⑥計算機

(3)　実験方法
①2名1組となり，1名が被検者，ほかの1名は検者となり実験を行う．2個のビーカーの各重量を天秤で量り，そこに水を適量加えて2つのビーカーの重量を50gとする．これを基礎刺激量 R_1 とする．

②被検者は眼を手拭でおおう．検者は等重量のビーカーを被検者の左右の手の掌にのせる．

③検者はビーカーのどちらか一方から水を1g（1mL）ずつ駒込ピペットで吸い出し，あるいは加える．

④一定量の水が吸い出されたとき，あるいは加えられたとき，被検者はビーカーの重量の変化がわかる．そのときの水の重量が ΔR_1 になる．

⑤基礎刺激量 $R_2＝100g$，$R_3＝150g$，$R_4＝200g$，$R_5＝250g$ について同様にそれぞれの識別閾値 ΔR_2，ΔR_3，ΔR_4，ΔR_5 を測定する．また，各基礎刺激量について各3回ずつ識別閾値を測定する．

⑥それぞれの $\frac{\Delta R}{R}$ を計算し，結果はウェーバーの法則に合致したかを調べる．

⑦横軸に R，縦軸に ΔR をとり，R と ΔR の関係をグラフで示す．また $\frac{\Delta R}{R}$ の平均値を計算し，$\Delta R＝R\cdot K$ の直線を描き，この直線と実験で求められた点を結ぶ線とを比較する．

⑧数人の測定値を集め個人差について比較する．

⑶　**実験上の注意**

①水を吸い出すか，加えるかいずれかに統一する．

②水を吸い出す，あるいは加える重量を 1 g ずつ行うと ΔR を見出すまで長時間かかるので，はじめ大きく変化させ，およその値を求めてから 1 g ずつ変化させるとよい．

③検者は，重量を変化させた場合のみならず，重量を変化させない場合についても被検者の回答を求め，被検者の誤った ΔR 値を除くようにする．

24　ヒキガエルの初期発生

　多細胞生物の一生は1個の受精卵からはじまる．受精した卵は細胞分裂（卵割 cleavage）を繰り返し，細胞数を増加していくが，やがて細胞群に形態形成運動が生じ，内胚葉・外胚葉・中胚葉の3つの胚葉 germ layer を形成する．さらに，三胚葉から色々な組織や器官が分化して，次第に個体がつくられていく．この過程を発生というが，発生は初期の変化が特に著しい．ここではニホンヒキガエルを用いて初期発生を観察する．

⑴　実験材料
ニホンヒキガエル *Bufo japonicus japonicus*

⑵　実験器具
①実体顕微鏡　②大型ホールスライドグラスまたは時計皿　③腰高シャーレ　④カミソリの刃
⑤ピンセット　⑥新聞紙　⑦ろ紙など　⑧10％中性ホルマリン液

⑶実験方法
⒜採卵と胚の固定
　ニホンヒキガエルは早春（東京付近では3月上旬〜4月上旬）浅い池や沼に多数の個体が集まって産卵するから，あらかじめニホンヒキガエルの集まる池を調査しておき，採集の機会をうかがう．産卵中のものや，すでに産卵された卵塊を実験室で発生させ，発生段階ごとに固定して材料を整える方法もあるが，野外で産卵されたものは寒天質に泥やゴミが付着していて，固定や観察に不都合なことも多い．そこで，できれば未だ産卵を開始していない抱接中の雌雄を捕えて，実験室で産卵させる方法が最良である．
　抱接中の雌雄は捕えても容易に離れないから，そのまま静かに持ち帰り，一対ずつ別々の水槽に入れる．水槽には飼育水を5〜6cmはっておく．一両日中には産卵をはじめる．産卵が終ったら，卵塊を一部切りとって検鏡し，時間を追って発生段階を確認しながら必要卵数固定する．固定液には10％中性ホルマリン液を用いる．
⒝観察
①あらかじめ採卵・固定しておいた胚を発生段階別に腰高シャーレに小分けし，20〜30分間水洗する．
②卵膜（寒天質），卵黄膜を除去する．
③大型ホールスライドグラスにのせ，実体顕微鏡下で外形を観察し，スケッチする．
④カミソリの刃で胚を正中線に沿って切断し，断面を観察する．原腸胚では原口を通る線に沿って切断するとよい．

⑷　実験上の注意
①ニホンヒキガエルの初期胚は直接には卵黄膜に包まれていて，その外側を2層の紐状の寒天質の卵膜におおわれている．観察に際し，寒天質を完全に取り除く必要があるし，できれば卵黄膜も除去したい．固定材料をろ紙などの上にのせ，ピンセットで軽く挟むようにして，前後左右に注

意深くころがすと除去できる.

②胚を切断するには，胚をろ紙などの上にのせ，ピンセットで軽く支え，カミソリの刃をそっと押し当てて，ごくわずか前後に引くようにするとよい.

(5)　初期の発生段階の概要

未卵割期　　受精していれば，卵膜の中では動物極が上向きに配列する．動物極側は黒褐色，植物極は乳白色（図73a）.

2 細胞期 2-cell stage　　　第 1 卵割期，縦分裂（図73b）.

4 細胞期 4-cell stage　　　第 2 卵割期，縦分裂（図73c）.

8 細胞期 8-cell stage　　　第 3 卵割期，横分裂．卵割面は動物極側にやや片寄って生じ，動物極側の割球はやや小さい（図73d）．縦割すると狭い卵割腔 blastocoel が認められる（図74a）.

16細胞期 16-cell stage　　　第 4 卵割期，縦分裂.

桑実胚期 morula stage　　　64細胞期，桑の実に例えてこの名がある（図73e）.

胞胚期 blastula stage　　　割球 blastomere はかなり小さくなる（図73f）．内部の卵割腔はかなり発達する（図74b）．更に卵割が進行し，割球は著しく小さくなり，表面が平滑にみえるようになる（図73g）．このときの空所を胞胚腔と呼ぶ.

原腸胚期 gasturula stage　　　赤道下に原口 blastopore が生じ，陥入がはじまる（図73h）．原口は半円形，馬蹄形を経て円形になり，縮小して卵黄栓 york plug を形成する（図73i）．内部には原腸 archenteron が形成される（図74c）.

神経胚期 neurula stage　　　卵黄栓は消失し，神経溝 neural groove，神経板 neural plate が現われる（図73j）．次に神経褶 neuralfold が左右より接近し，その間は溝になり（図73k），やがて神経管 neural tube が形成される（図73l，図74d）.

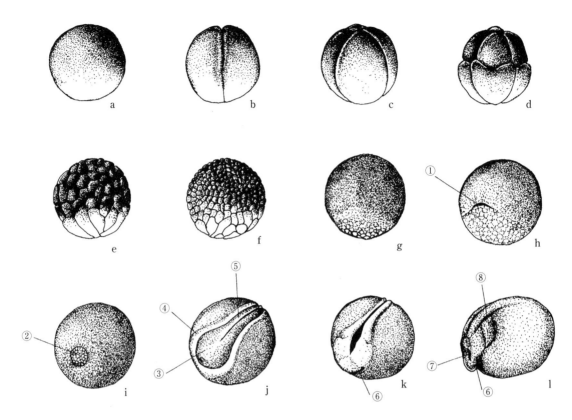

図73　ニホンヒキガエルの発生段階（神経胚期まで）．a：未卵割期，b：2細胞期，c：4細胞期，d：8細胞
　　　期，e：桑実胚期，f, g：胞胚期，h, i：原腸胚期，j, k, l：神経胚期．①原口，②卵黄栓，③神経板，
　　　④神経褶，⑤神経溝，⑥吸着器，⑦口陥，⑧鰓板

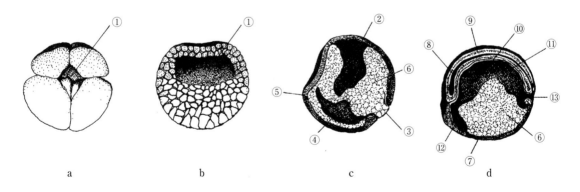

図74　ニホンヒキガエル初期胚の断面．a：8細胞期，b：胞胚期，c：原腸胚期，d：神経胚期．①卵割腔，
　　　②胞胚腔，③卵黄栓，④原腸，⑤外胚葉，⑥内胚葉，⑦中胚葉，⑧神経腔，⑨神経管，⑩脊索，⑪中腸，
　　　⑫前腸，⑬原口

25 アミ類とオキアミ類の観察

　エビ類は十脚目（Decapoda）に属するグループで，胸肢が左右で10本あることが特徴である．体は頭胸部と腹部に分かれ，背甲は発達して頭胸部の背面と側面のほとんどを覆う．プランクトンには同じようなエビ型の体形をした「オキアミ類」と「アミ類」が存在する．これらは他の生物の餌や，漁獲対象生物である点で重要な生物であることは共通するが，分類学上はまったく異なるグループである．ここでは，これらの生物の形態について類似点と相違点を観察して調べる．

　オキアミ目は，2科86種が含まれ，日本からは43種が知られている．海産で表層から深海までに分布する．体長は30〜60mm．本州沿岸のツノナシオキアミや南極周辺海域のナンキョクオキアミなどは多獲され，煮干しや練製品，釣餌などに利用されている．オキアミの胸肢は普通8対で，内肢と外肢からなる．多くの種で胸肢内肢は，挟み脚にならない．鰓は第2〜8胸肢の底節に存在し，背甲におおわれることなく外部に露出している点で他のグループと区別できる．また，発光器が複眼の基部や第2，7胸肢の底節，第1〜4腹肢の基部に存在する．

　アミ目は，2亜目約1000種が含まれ，日本からは200種ほどが記録されている．体長は5〜30mmほどである．主に海産で，汀線帯から深海にまで，一部の種は海跡湖にも生息する．イサザアミやコマセアミなどは量も多く，佃煮や釣餌などに利用されている．アミの胸肢は8対で内肢と外肢に分かれ，外肢は長い刺毛を備える．雌は胸部腹面に育房をもち，幼生は育房内で成長する．また，アミ科では尾肢の付け根に一対の平衡胞をもつことで，他のグループと区別できる．

表12　エビ型3グループの形態的な相違点

	エビ	オキアミ	アミ
分類	節足動物門 Arthropoda	←	←
	甲殻亜門 Crustacea	←	←
	軟甲綱 Malacostraca	←	←
	ホンエビ上目 Eucarida	←	フクロエビ上目 Peracarida
	十脚目 Decapoda	オキアミ目 Euphausiacea	アミ目 Mysida
背甲	すべての胸節と癒合	すべての胸節と癒合	第1〜3胸節と癒合
胸肢	5対で単肢（挟み脚）	8対で複肢（内・外肢）	8対で複肢（内・外肢）
鰓	胸肢の基部に位置し，背甲の内側にある	胸肢の基部に位置し，背甲より露出する	なし
交接器	雄：第1腹肢	雄：第1腹肢	雄：第3 or 4腹肢
育房	なし	なし	雌の胸部に存在する
発光器	なし*	各所に存在する	なし*

*一部の種には発光器が存在する

(1) 実験材料
(a)サクラエビ　*Lusensosergia lucens*
(b)ツノナシオキアミ　*Euphausia pacifica*
(c)ニホンイサザアミ　*Neomysis japonica*

96

(2)　実験器具

①実体顕微鏡　②シャーレ　③ピンセット　④柄付針

(3)　実験方法

①対象生物の左側面をスケッチする.

②対象生物の体節の数，胸肢の形態と本数，頭胸甲（背甲）の構造，鰓の有無を観察する.

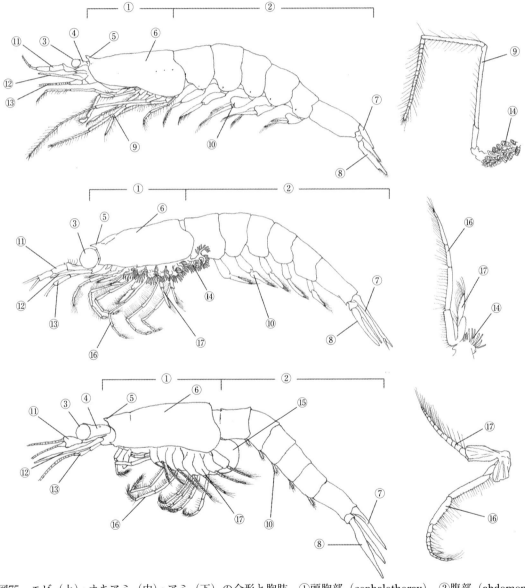

図75　エビ（上）・オキアミ（中）・アミ（下）の全形と胸肢.①頭胸部（cephalothorax），②腹部（abdomen），③眼（eye），④眼柄（eye stalk），⑤額角（rostrum），⑥背甲（carapace），⑦尾節（telson），⑧尾肢（Uropod），⑨胸肢（thoracic leg），⑩腹肢（pleopod），⑪第1触角（antennule），⑫第2触角鱗片（antennal scale），⑬第2触角（antenna），⑭鰓（gill），⑮育房（brood pouch），⑯胸肢内肢（endopod of thoracic leg），⑰胸肢外肢（exopod of thoracic leg）

26　DNAの抽出とその解析

　生物はその遺伝情報をDNAに保存している．マグロ属魚類の魚種判別を目的として，各マグロ筋肉組織からDNAを抽出し，PCR法によりミトコンドリアDNAの一部領域を増幅しPCR産物を得て，制限酵素処理後，アガロースゲル電気泳動法により解析することにより，マグロ属3種（メバチ，キハダ，ビンナガ）をPCR-RFLP（Polymerase Chain Reaction-Restriction Fragment Polymorphism）法により判別する．

実験Ⅰ　マグロ筋肉組織からのミトコンドリアDNAの抽出

　動物組織からDNAを抽出する方法である．Proteinase Kと界面活性剤を使用した加熱処理により動物組織を溶解し，カオトロピックイオン存在下でDNAがシリカゲルに吸着する性質を利用してスピンカラムによるDNAの精製を行う．高濃度塩酸グアニジンなどのカオトロピックイオンが存在すると，タンパク質分子内の疎水性相互作用が水和により破壊され，タンパク質が変性する．細胞内のタンパク質を変性されることで，DNAからヒストンタンパク質などがはずれ，DNAがシリカゲルに吸着し易くなる．DNAをシリカゲルに吸着させる．ここでは，キアゲン社の組織からのDNA抽出キットを使用して，マグロ筋肉組織からDNAを抽出する．

⑴　実験材料

　メバチ *Thunnus obesus*，キハダ *T. albacares*，ビンナガ *T. alaunga* の筋肉組織（材料はスーパーなどで購入してよい）．材料は使用するまで−20℃で保存する．

⑵　実験器具

　①遠心分離器，②恒温器，③分光光度計，④カミソリの刃，⑤実験用手袋，⑥滅菌シャーレ，⑦振盪ミキサー，⑧マイクロチューブ（1.5mL用），⑨マイクロピペット（20 - 200μL用），⑩マイクロピペット（200 - 1000μL用），⑪マイクロチップ（1 - 200μL用），⑫マイクロチップ（200 - 1000μL用），⑬コレクションチューブ（2mL），⑭エタノール（特級），⑮オートクレーブ水，⑯RNase A液（100mg/mL），⑰Proteinase K液，⑱ATL液，⑲AL液，⑳AW1液，㉑AW2液，㉒スピンカラム，⑰〜㉒はキアゲン社キット

⑶　実験方法

プロテアーゼと変性剤を使用するので実験用手袋を着用し，操作は常温条件で行う．

①解凍したマグロ筋肉の小片（約20mg）を滅菌シャーレに入れ，カミソリの刃で更に細かく切る．ただし，3種類のマグロのうち各学生は1種類のマグロ筋肉を使用し，混ぜないようにする．

②①のマグロ筋肉をマイクロチューブに入れ，Proteinase K液20μLを加える．

③ATL液（塩酸グアニジン含有）180μLを②のマイクロチューブに加え，振盪ミキサーで15秒間攪拌する．

④56℃に設定した恒温器に③のマイクロチューブを入れ120分間インキュベーションする．30分毎に，マイクロチューブを振盪ミキサーで15秒間攪拌する．

⑤新しいマイクロチューブを用意し，④の溶液部分（約200μL）を入れる．固形部分を入れないよ

98

うに注意する．マイクロチューブを振盪ミキサーで15秒間撹拌する．

⑥⑤のマイクロチューブにRNase A液を4μL添加し，振盪ミキサーで15秒間撹拌する．2分間室温で静置する．更に，振盪ミキサーで15秒間撹拌する．

⑦AL液（界面活性剤含有）200μLを⑥のマイクロチューブに加え，振盪ミキサーでよく撹拌する．

⑧エタノール200μLを⑦のマイクロチューブに加え，振盪ミキサーでよく撹拌する．

⑨コレクションチューブの上部にスピンカラム（シリカゲル膜）を入れ，スピンカラムの蓋を開け，上部に⑧の溶液（約600μL）をマイクロピペット（200-1000μL用）を使用して入れる．

⑩⑨のコレクションチューブを1分間，遠心分離（6000×g）を行う．このとき，DNAはスピンカラムのシリカゲルに吸着する．ろ液は廃棄用のバケツに捨てる．

⑪スピンカラムを新しいコレクションチューブに入れる．スピンカラムの蓋を開け，上部にAW1液（エタノール入り洗浄液）500μLを加える．

⑫⑪のコレクションチューブを1分間，遠心分離（6000×g）を行う．ろ液は廃棄用のバケツに捨てる．

⑬スピンカラムをコレクションチューブに入れる．スピンカラムの蓋を開け，上部にAW2液（エタノール入り洗浄液）500μLを加える．

⑭⑬のコレクションチューブを1分間，遠心分離（6000×g）を行う．ろ液は廃棄用チューブに捨てる．⑩から⑭は洗浄操作を行っており，DNAはスピンカラムのシリカゲルに吸着したままである．

⑮DNAが吸着したスピンカラムを新しいマイクロチューブの上部に入れる．

⑯スピンカラムの蓋を開け，上部にオートクレーブ水100μLを加え，1分間静置後，遠心分離（6000×g）を1分間行う．マイクロチューブに溶出した液がDNA液であるため捨てないようにする．

⑰同じスピンカラムの蓋を開け，上部に⑯のDNA溶液を加え，再度，1分間，遠心分離（6000×g）を行う．この結果，マイクロチューブに溶出した液が最終的なDNA溶液である．

⑱⑰のDNA液をオートクレーブ水で希釈し，分光光度計を使用して260nmの吸光度（A_{260}）を測定してDNA濃度を推定する．

⑲A_{260}が1.0の場合，希釈した溶液の2本鎖DNA濃度（50ng/μL）として計算する．ただし，不純物（タンパク質，多糖など）が多い場合は誤差が大きくなるので注意が必要である．

実験Ⅱ　PCR法によるマグロのミトコンドリアDNAの増幅

マグロのミトコンドリアDNA（ATPアーゼ6遺伝子領域からシトクロムcオキシダーゼサブユニットⅢ遺伝子領域にまたがる領域：ATCO）をPCR法で増幅し，アガロースゲル電気泳動法によりPCR産物を確認する．

⑴　実験材料
実験Ⅰで抽出した3種類（メバチ，キハダ，ビンナガ）のマグロDNA溶液（template DNA，約500ng）．使用するまで−20℃で保存する．

⑵　実験器具
①マイクロピペット（1-20μL用），②マイクロピペット（20-200μL用），③マイクロチップ

（1 - 200μL 用），④ PCR 用チューブ（200μL 用），⑤マイクロチューブ（1.5mL 用），⑥オートクレーブ水，⑦10× PCR 用緩衝液，⑧ rTaq DNA polymerase（5 U/μL），⑨ dNTP 液（dATP，dTTP，dGTP，dCTP 各2.5mM），⑩ 6 ×ローディング緩衝液（電気泳動用），⑪100塩基対数（bp）ラダーマーカー DNA（100 - 2000 bp），⑫ L プライマー（5'CTTCGACCAATTTATGAGCCC 3'），⑬ H プライマー（5'GCCATATCGTAGCCCTTTTG 3'），⑭アガロース（DNA 電気泳動用），⑮ 1 × TAE 緩衝液，⑯サーマルサイクラー，⑰トランスイルミネーター（紫外線照射装置），⑱水平型電気泳動装置

(3) 実験方法
(a) PCR 反応
酵素を使用するため，以下の操作は氷上で行う．チップは操作毎に交換する．

① 各学生が実験 I で抽出したマグロ DNA 溶液から，DNA 量が300〜500ng になるような液量（μL）を，マイクロピペット（2 -20μL 用）を使用して取り，PCR 用チューブに入れる．

② H プライマー（10μM） 1 μL を①の PCR 用チューブに入れる．

③ L プライマー（10μM） 1 μL を②の PCR 用チューブに入れる．

④ dNTP 液（dATP，dTTP，dGTP，dCTP 各2.5mM） 8 μL を③の PCR 用チューブに入れる．

⑤10× PCR 用緩衝液 5 μL を④の PCR 用チューブに入れる．

⑥ rTaq DNA polymerase（5 U/μL） 1 μL を⑤の PCR 用チューブに入れる．

⑦オートクレーブ水を⑥の PCR 用チューブに入れ，最終的な液量が50μL になるようにする．軽くピペッティングを 2 〜 3 回行い，液体を混ぜる．

⑧⑦のチューブをサーマルサイクラーにセットし，94℃（5 分）で熱変性した後，以下に示した PCR 条件，熱変性94℃（1 分），アニーリング53℃（11分），伸長反応72℃（1.5分）を 1 サイクルとして，35サイクル PCR 反応を行う．

⑨⑧のチューブを 4 ℃で保存する．

(b) アガロースゲル電気泳動による PCR 産物の確認
①新しいマイクロチューブに(a)の⑨の PCR 用チューブから PCR 液 5 μL を入れ，更に，同じチューブに 6 ×ローディング緩衝液 2 μL，オートクレーブ水 3 μL を，マイクロピペット（1 - 20μL 用）を使用して加えて全量を10μL とする．

② 1 × TAE 緩衝液を入れた水平型電気泳動装置に入った 3 ％アガロースゲルの各ウェルに，①の液10μL を入れる．一番左端のウェルに，100bp ラダーマーカー DNA 液 5 μL を入れる．

③定電圧100V で電気泳動を開始し，青色の色素（ブロモフェノールブルー）がアガロースゲル下ケースの 6 本目の線に到達したら，電源スイッチを切る．

④アガロースゲルを取り出し，DNA 染色液（エチジウムブロマイド入り 1 × TAE 緩衝液）に入れ10分間染色し，更に，アガロースゲルを脱色液（1 × TAE 緩衝液）に入れて10分間脱色する．

⑤トランスイルミネーターを使用し，紫外線を照射してデジタルカメラでゲルを撮影する．ゲルの画像ファイル（.jpeg ファイルなどで）を保存する．

⑥⑤の画像から915bp 付近に DNA のバンドが 1 本あることを確認する．

実験Ⅲ　マグロ属魚類の魚種判別

実験Ⅱで増幅した PCR 産物を制限酵素（*Alu* I，*Mse* I，*MluC* I）により処理した後，アガロー

スゲル電気泳動法により各 DNA 断片長（塩基対数）を求め，断片長およびパターンからマグロ属 3 種（α タイプおよび β タイプのメバチ，キハダ，ビンナガ）を判別する．

(1) 実験材料

実験 II で増幅した PCR 産物（DNA 液）．

(2) 実験器具

①マイクロピペット（1 - 20 μL 用），②マイクロチップ（1 - 200 μL 用），③マイクロチューブ（1.5mL 用），④オートクレーブ水，⑤ 6 ×ローディング緩衝液（電気泳動用），⑥100bp ラダーマーカー DNA（100-2000 bp），⑦アガロース（DNA 電気泳動用），⑧10×緩衝液（制限酵素用），⑨ 1 × TAE 緩衝液，⑩サーマルサイクラー，⑪トランスイルミネーター（紫外線照射装置），⑫水平型電気泳動装置，⑬恒温器，⑭片対数グラフ用紙，⑮制限酵素 *Alu* I（5 U/μL），*Mse* I（5 U/μL），*MluC* I（5 U/μL）

(3) 実験方法

(a)制限酵素処理およびアガロース電気泳動

①新しいマイクロチューブ 3 本を用意し，実験 II で増幅した PCR 産物（DNA 液）5 μL をそれぞれのチューブに，マイクロピペット（1 - 20 μL 用）を使用して入れる．

②10×緩衝液（制限酵素用）1 μL を①の 3 本の各マイクロチューブに入れる．

③制限酵素 *Alu* I（5 U/μL），*Mse* I（5 U/μL），*MluC* I（5 U/μL）それぞれ 1 種類ずつ 1 μL を，②の各マイクロチューブに加える．

④オートクレーブ水 3 μL を③の各チューブに加え，軽くピペッティングを 2 〜 3 回行い，中の液体を混ぜる．

⑤④の 3 本のチューブを恒温器に入れ，37℃で24時間インキュベーションし，PCR 産物を各制限酵素で完全に切断する．インキュベーション後，次の⑥で使用するまで−20℃で保存する．

⑥⑤の 3 本の制限酵素で反応させたマイクロチューブに 6 ×ローディング緩衝液 2 μL を加え，液量を12 μL とする．

⑦ 1 × TAE 緩衝液を入れた水平型電気泳動装置の 3 ％アガロースゲルの各ウェルに，制限酵素 *Alu* I 処理液，*Mse* I 処理液，*MluC* I 処理液の順に，⑥の液12 μL をそれぞれ入れる．左端のウェルに，100bp ラダーマーカー DNA 液（マーカー DNA）5 μL を入れる．

⑧定電圧100V で電気泳動を開始し，青色の色素（ブロモフェノールブルー）がアガロースゲル下ケースの 6 本目の線に到達したら，電源スイッチを切る．

⑨アガロースゲルを取り出し，DNA 染色液（エチジュウムブロマイド入り 1 × TAE 緩衝液）に入れ10分間染色し，更に，アガロースゲルを脱色液（1 × TAE 緩衝液）に入れて10分間脱色する．

⑩トランスイルミネーターを使用し，紫外線を照射してデジタルカメラでゲルを撮影する．ゲルの画像ファイル（.jpeg ファイルなどで）を保存する．

(b)片対数グラフ用紙を使用した各 DNA 断片長（塩基対の数）の求め方

①(a)⑩の画像ファイルを A 4 の用紙にプリントする．

②プリントされたゲルの画像に定規をあて，マーカー DNA を入れたウェルからマーカー DNA の各 DNA 断片（100bp から1000bp までの10本）までの距離（cm）を測る．

③片対数グラフ用紙を使用し，縦軸を塩基対数（bp），横軸をゲル中でのDNA断片の移動距離（cm）とし，10点をプロットして定規を使用して検量線となる直線を引く．

④プリントされたゲルの画像に定規をあて，制限酵素 *Alu* Ⅰ処理液，*Mse* Ⅰ処理液，*MluC* Ⅰ処理液をそれぞれ入れたウェルから，各DNA断片までの距離を測る．

⑤③の片対数グラフ上の検量線を用いて，④で求めた各DNA断片までの距離の値から，制限酵素 *Alu* Ⅰ処理液，*Mse* Ⅰ処理液，*MluC* Ⅰ処理液をそれぞれ各DNA断片の塩基対の数を算出する．

(c)マグロ属魚類の魚種判別

①(b)⑤の制限酵素 *Alu* Ⅰ，*Mse* Ⅰ，*MluC* Ⅰ処理後の各DNA断片の塩基対の数（bp）と各マグロの制限酵素 *Alu* Ⅰ，*Mse* Ⅰ，*MluC* Ⅰ処理後のRFLPパターン表（表13，表14，表15）を比較して，マグロ属3種（α タイプおよび β タイプのメバチ，キハダ，ビンナガ）の判別を行う．

表13　*Alu* Ⅰの RFLP パターン

DNA断片長 (bp)	メバチ α タイプ	メバチ β タイプ	キハダ	ビンナガ
432	−	+	−	+
295	+	+	+	+
280	+	−	+	−
188	−	−	−	−
152	+	−	+	−
147	+	+	+	−
122	−	−	−	+
81	−	−	−	−
66	−	−	−	+
41	+	+	+	−

+ DNAバンドあり　　− DNAバンドなし

表14 *Mse* I の RFLP パターン

DNA 断片長 (bp)	メバチ α タイプ	メバチ β タイプ	キハダ	ビンナガ
294	−	+	−	−
264	+	−	+	−
255	−	−	−	+
254	−	−	−	+
224	+	+	+	−
194	+	+	+	+
130	+	−	+	−
115	−	−	−	+
75	−	+	−	−
55	−	+	−	−
41	+	+	+	+
32	+	+	+	+
30	+	−	+	−
15	−	−	−	+
12	−	−	−	−
9	−	−	−	+

＋ DNA バンドあり　－ DNA バンドなし

表15 *MluC* I の RFLP パターン

DNA 断片長 (bp)	メバチ α タイプ	メバチ β タイプ	キハダ	ビンナガ
417	+	+	+	+
403	+	+	−	−
217	−	−	+	+
186	−	−	+	+
72	+	+	+	+
15	+	+	+	+
8	+	+	+	+

＋ DNA バンドあり　－ DNA バンドなし

参考文献

マグロ属魚類の魚種判別マニュアル修正版（2006）
（独立行政法人　農林水産消費技術センター，独立行政法人　水産技術研究センター）

27 酵素活性測定法

　酵素は細胞内の化学反応を進みやすくする生体触媒であり，その本体はタンパク質からできている．したがって，酵素活性とは化学反応の生成物が単位時間当たりどのくらい生じるかで表される．Glucose-6-Phosphate Dehydrogenase（Glucose-6-リン酸脱水素酵素，G-6-PD）を使用して，分光光度計を用いた吸光度の経時変化を指標とした酵素活性測定法（実験Ⅰ），酵素濃度と反応速度の関係（実験Ⅱ），この酵素の55℃における熱安定性（実験Ⅲ）について調べることを目的とする．

実験Ⅰ　吸光度測定による酵素活性測定

　光を透過する試料溶液を一定量キュベットに入れ，特定の波長の光を当て，その吸光度（Abs）を測定する．吸光度は試料溶液中の光を吸収する物質のモル濃度に比例する．吸光度を経時的に測定することにより，その変化から酵素活性を知ることができる．ここでは，株式会社同人化学研究所のG6PD AssayKit-WST を使用して，G-6-PD の酵素活性を定量的に測定することを目的とする．

⑴　測定原理

　G-6-PD が触媒する化学反応は次の図の通りである．この反応の反応生成物は 6 -PG であるが，この生成物と等モルの NADPH が同じ反応により生成する．生じた NADPH は WST-8 と反応し，460nm に吸収をもつ WST-8 Formazan を生じる．したがって，460nm の吸光度を経時的に測定することにより，この反応の酵素活性を測定できる．また，WST-8 Formazan は強い橙色を呈するため目視で発色結果を確認できる利点をもつ．

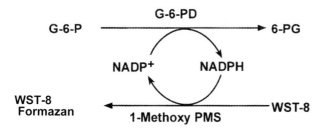

図76　G-6-PD の酵素反応

⑵　実験器具

　分光光度計，キュベット（ 1 mL 用），マイクロチューブ（1.5mL 用），マイクロピペット（20-200 μL 用），マイクロピペット（200-1000 μL 用），マイクロチップ（20-200 μL 用），マイクロチップ（200-1000 μL 用），G-6-PD 酵素液 E1（市販のものを使用する．あらかじめ 5 μL の酵素液を使用して，室温（約25℃），6 分間，酵素反応させた場合の460nm の吸光度がブランクと比較して，1.0〜1.5程度になるように酵素液を調製する），Substrate mixture，Dye mixture，蒸留水，アイスボックス，チューブ立て，インキュベータ（55℃）

⑶ **実験方法**

　酵素を使用するので操作は氷上で行い，酵素反応は室温下で行う．その時の室温を記録する．

①マイクロチューブにあらかじめ室温と同じ温度にしておいた蒸留水を，マイクロピペット（200-1000 μL 用）を使用して，760 μL 入れる．使用したマイクロチップは廃棄する．

②①のマイクロチューブに Substrate mixture を，マイクロピペット（1-20 μL 用）を使用して，20 μL 入れる．使用したマイクロチップは廃棄する．

③②のマイクロチューブに Dye mixture を20 μL 入れる．使用したマイクロチップは廃棄する．

④③のマイクロチューブに E1（酵素液）5 μL 入れ，蓋を閉め，5 秒間よく振り攪拌する．

⑤キュベットに④の全量（805 μL）を移し，吸光度（460nm）の測定を開始する．蒸留水を別のキュベットに入れてブランクとする．

⑥測定開始を 0 分とし，1 分毎に吸光度（460nm）を測定し，10分後まで測定を続ける．

⑦表16に吸光度の数値を記入する．表16のデータをグラフにする．

表16　吸光度の変化

吸光度	0 分	1 分	2 分	3 分	4 分	5 分	6 分	7 分	8 分	9 分	10分
A_{460}											

⑷ **考察のポイント**

実験Ⅰからこの酵素の酵素活性を表すとしたらどのようになるか考えなさい．

実験Ⅱ　酵素濃度と反応速度の関係

⑴ **実験器具**

　実験Ⅰと同じものを使用．E3/4は E1（G6PD酵素液）を，PBS（生理食塩水）を使用して3/4倍に希釈した酵素液．E2/4は E1を，PBS を使用して2/4倍に希釈した酵素液．E1/4は E1を，PBS を使用して1/4倍に希釈した酵素液．1 N 塩酸．

⑵ **実験方法**

　酵素を使用するので操作は氷上で行い，酵素反応は室温下で行う．

①8 本のマイクロチューブを用意する．各マイクロチューブにあらかじめ室温にしておいた蒸留水を，マイクロピペット（200-1000 μL 用）を使用して，760 μL 入れる．使用したマイクロチップは廃棄する．

②①のマイクロチューブに Substrate mixture を，マイクロピペット（2-20 μL 用）を使用して，20 μL 入れる．使用したマイクロチップは廃棄する．

③②のマイクロチューブに Dye mixture を20 μL 入れる．使用したマイクロチップは廃棄する．

④③のマイクロチューブそれぞれに E1，E3/4，E2/4，E1/4（酵素液）5 μL 入れ，蓋を閉め，5 秒間よく振る．開始時刻にストップウォッチを 0 秒にセットし，6 分後まで室温で反応させる．

⑤反応開始から6 分後に，塩酸を10 μL 加えて，蓋を閉めてよく振り反応を停止させる．

⑥キュベットに全量（815 μL）を移し，30分間以内に吸光度（460nm）を測定する．なお，蒸留水をキュベットに入れてブランクとする．

⑦表17に吸光度の数値を記入し，班員で共有する．表17のデータを，方眼紙を使用してグラフにする．

表17　酵素量と反応速度の関係（酵素反応時間：6分間）

吸光度	回数	E1/4	E2/4	E3/4	E1
A$_{460}$	1回目				
A$_{460}$	2回目				
	平均値				

(3)　考察のポイント

　実験Ⅱから酵素量と酵素活性にはどのような関係があるといえるかを考えなさい．

実験Ⅲ　酵素の55℃における熱安定性

　あらかじめ，以下の容量のE1（酵素液）を4本のマイクロチューブに分注し，酵素液E1A（5 μL），E1B（5 μL），E1C（15 μL），E1D（15 μL）とする．E1A，E1Bは氷上にマイクロチューブを置き使用する．E1C，E1Dはインキュベータ（55℃）に入れて使用する．E1C，E1Dをインキュベータ（55℃）に入れてすぐにストップウォッチを0秒にし，10分後，20分後，30分後に以下の①〜⑥を実施する．グラフを書く場合には2回の実験の平均値をデータに使用すること．

(1)　実験器具

　実験Ⅰと同じ．1 N 塩酸.

(2)　実験方法

①8本のマイクロチューブを用意する．各マイクロチューブにあらかじめ室温にしておいた蒸留水を，マイクロピペット（200-1000 μL用）を使用して，760 μL入れる．使用したマイクロチップは廃棄する．

②①のマイクロチューブにSubstrate mixtureを，マイクロピペット（1-20 μL用）を使用して，20 μL入れる．使用したマイクロチップは廃棄する．

③②のマイクロチューブにDye mixtureを20 μL入れる．使用したマイクロチップは廃棄する．

④氷上に置いたE1A，E1Bチューブからそれぞれ酵素液5 μLを取り，③のマイクロチューブを入れ，蓋を閉め，5秒間よく振る．開始時刻にストップウォッチを0秒にセットし，6分後まで室温で反応させる．

⑤インキュベータ（55℃）に入れたE1C，E1Dチューブから10分後，20分後，30分後，それぞれ酵素液5 μLを取り，③のチューブに入れ，蓋を閉め，5秒間よく振る．6分後まで室温で反応させ，塩酸を10 μL加えて蓋を閉めてよく振り反応を停止させる．

⑥キュベットに全量（815 μL）を移し，30分間以内に吸光度（460nm）を測定する．なお，蒸留水

をキュベットに入れてブランクとする.

⑦表18に吸光度の数値を記入し，班員で共有する．表18のデータを，方眼紙を使用してグラフにする．

表18 酵素の55℃における熱安定性（酵素反応時間：6分間）

インキュベーション時間（55℃）	回数	0分処理	10分処理	20分処理	30分処理
A_{460}	1回目				
A_{460}	2回目				
	平均値				

(3) **考察のポイント**

　実験Ⅲからこの酵素の熱安定性はどのように考えられるか．また，なぜこのような性質を示すのかを考えなさい.

28　固定液と染色液

⑴　固定液

(a)10%ホルマリン（formalin）

①ホルマリン原液10mL，蒸留水90mL を用意し混合する．

②ホルマリン原液は35～40％ホルムアルデヒド水溶液のことであり，ホルマリンとホルムアルデヒドを混同しないようにする．ホルマリンは古くなると分解しギ酸となる．古いホルマリンは組織を収縮させ，また染色しにくくするので使用しない．固定時間24～48時間．長期間固定した組織では核の染色性が失われるので回復法を行わねばならない．ヘマトキシリン，エオジン染色用および脂肪の組織化学的染色の固定として賞用される．

(b)酢酸・アルコール（1：3）液

①氷酢酸25mL，無水エタノール75mL を用意し混合する．

②固定時間は1～2時間．核や染色体の固定に適している．しかし細胞質の固定は不良で微細構造は凝集している．カルノア（Carnoy）液からクロロフォルムを除いた組成でありカルノア液と呼ぶことがある．

(c)無水エタノール

①血液などの塗抹標本の固定に用いる．

(d)ナワジン（Navashin）液

①A液（無水クロム酸1g，氷酢酸10mL，蒸留水65mL），B液（ホルマリン原液40mL，蒸留水35mL）を用意する．

②A液，B液を使用直前に等量ずつ混和する．固定時間は3～24時間．細胞核の固定に適している．

⑵　染色液

(a)ヘマトキシリン（hematoxylin）

①ヘマトキシリンは植物性色素で動物の組織学，病理学で最もよく用いられている．このままでは十分に染まらないので酸化させヘマティン（hematin）とし，さらに媒染剤を加えて用いる．マイヤー，リリーなど酸を含むものと，デラフィールド，ハリスなど酸を含まないものがある．

ⓐマイヤー（Mayer）のヘマトキシリン

ⅰヘマトキシリン1.0g，蒸留水1000mL，ヨウ素酸ナトリウム0.2g，カリミョウバンまたはアンモニウムミョウバン50g，抱水クロラール50g，結晶クエン酸1g を用意する．

ⅱヘマトキシリン1g を蒸留水100mL に入れ，加熱して溶かす．冷蒸溜水900mL を加え次にヨウ素酸ナトリウム0.2g とカリミョウバン50g を入れて攪拌し溶かす．カリミョウバンは溶けにくいので乳鉢で細砕して用いるとよい．完全にとけたら抱水クロラールと結晶クエン酸を入れる．染色液は赤紫色で作成後すぐ使用することができる．染色時間は5～15分で染色直後の切片は赤紫色であるが流水洗すると青紫色に変わる．細胞核が選択的に青紫色に染色される．染色液の保存は3～4か月である．保存中に液の表面に金属色の膜ができるので，使用するとき必ず濾過する．そのまま用いると標本がよごれる．

ⓑデラフィールド（Delafield）のヘマトキシリン

ⓘヘマトキシリン4.0g，95％エチルアルコール25mL，アンモニウムミョウバン飽和水溶液400mL（アンモニウムミョウバン60gを蒸留水400mLに溶かす），グリセリン100mL，メタノール100mLを用意する．

ⓘⓘヘマトキシリンを95％エタノール25mLに溶かし，これにアンモニウムミョウバン飽和溶液を400mL加える．この液を広口の試薬びんに移し栓を取り口はガーゼでおおい日光の当たる所に4日放置する．液が熟成し赤紫色となったらグリセリン100mLとメタノール100mLを加えろ過する．この液は熟成するのに時間がかかる．急速に熟成させるにはヘマトキシリン1gに対しヨウ素ナトリウム40〜100mg加え，ヘマトキシリンを酸化すればよい．普通，染色時間は5〜10分．細胞核のほか細胞質，結合組織なども染色するので，染色後軽く水洗し，1％塩酸アルコール（70％エタノール100mLに濃塩酸1mLを加える）に1分間つけ核以外の着色を除く．核はコバルト色に染まるが，色素液が古くなっていると藍黒色となる．

⒝エオシン（eosin）液

①エオシンY1.0g，蒸留水100mL，氷酢酸0.2mLを用意し混合する．

②この液は貯蔵液である．使用時に貯蔵液：エタノール＝1：3とし，さらに100mLにつき氷酢酸を0.5mL加える．染色時間は2〜30分．細胞質，コラーゲン繊維，赤血球が桃色に染色される．

⒞酢酸カーミン液（アセトカーミン，aceto-carmine）

①カーミン1g，45％氷酢酸水溶液100mLを用意する．

②カーミン1gをビーカーに取り45％氷酢酸水溶液を100mL入れ加熱する．沸騰したら加熱をやめ，冷却しろ過する．この液は染色液であると同時に固定液としても働くので，無固定の細胞核，染色体の塗抹標本，押し潰し標本の固定染色に用いる．染色時間は5〜10分．

⒟スダンⅢ（sudan Ⅲ）

①スダンⅢ1〜2g，無水エタノール100mLを用意する．

②三角コルベンにスダンⅢ粉末1〜2gを入れ，無水エタノールを加えよく攪拌し貯蔵液をつくる．使用直前に貯蔵液：蒸溜水＝7：3とし，少しずつ攪拌しながら混和し，ろ紙（No.2）でろ過して用いる．中性脂肪を赤橙色に染色する．染色時間は10〜15分．

⒠ギムザ（giemsa）染色液

①ギムザ染色液2.5mL，リン酸緩衝液（pH6.4）または蒸留水50mLを用意する．

②ギムザ染色液は azure A eosinate 1 g，azure B eosinate 5 g，methylene blue eosinate 4 g，methylene blue chloride 2 g をグリセリンメタノールに溶解したもので市販されている．使用直前に染色液2.5mLを蒸留水50mLで希釈し，ろ過して用いる．メタノール固定した血液細胞や口腔上皮の剥離標本では染色時間は約15分である．その後蒸留水ですすぎ，ろ紙で水滴を吸い取り乾燥する．キシレンに浸してからビオライトで封入する．

29 実験材料の分類

⑴**ヤマザクラ** 植物界（Plantae） 被子植物（angiospermes） 真正双子葉類（eudicots） バラ目（Rosales） バラ科（Rosaceae） サクラ属（*Cerasus*） ヤマザクラ

⑵**ヤハズエンドウ（カラスノエンドウ）** 植物界 被子植物 真正双子葉類 マメ目（Fabales） マメ科（Fabaceae） ソラマメ属（*Vicia*） ヤハズエンドウ（カラスノエンドウ）

⑶**アキザクラ（コスモス）** 植物界 被子植物 真正双子葉類 キク目（Asterales） キク科（Asteraceae） コスモス属（*Cosmos*） アキザクラ（コスモス）

⑷**ススキ** 植物界 被子植物 単子葉類（monocots） イネ目（Poales） イネ科（Poaceae） ススキ属（*Miscanthus*） ススキ

⑸**ムラサキツユクサ** 植物界 被子植物 単子葉類 ツユクサ目（Commelinales） ツユクサ科（Commelinaceae） ムラサキツユクサ属（*Tradescantia*） ムラサキツユクサ

⑹**ニホンヒキガエル** 動物界（Animalia） 脊索動物門（Chordata） 脊椎動物亜門（Vertebrata） 両生綱（Amphibia） 無尾目（Anura） ヒキガエル科（Bufonidae） ヒキガエル属（*Bufo*） ニホンヒキガエル

⑺**トノサマガエル** 動物界 脊索動物門 脊椎動物亜門 両生綱 カエル目（Anura） カエル亜目（Neobatrachia） アカガエル科（Ranidae） アカガエル亜科（Raninae） トノサマガエル属（*Pelophylax*） トノサマガエル

⑻**サバ** 動物界 脊索動物門 脊椎動物亜門 硬骨魚類綱（Osteichthyes） スズキ目（Perciformes） サバ科（Scombridae） サバ属（*Scomber*） マサバ・ゴマサバ

⑼**ハツカネズミ** 動物界 脊索動物門 脊椎動物亜門 哺乳綱（Mammalia） ネズミ目（Rodentia） ネズミ上科（Myomorpha） ネズミ科（Muridae） ハツカネズミ属（*Mus*） ハツカネズミ

⑽**ハマグリ** 動物界 軟体動物門（Mollusca） 二枚貝綱（Bivalvia） 異歯亜綱（Heterodonta） マルスダレガイ目（Veneroida） マルスダレガイ科（Veneridae） ハマグリ属（*Meretrix*） ハマグリ・チョウセンハマグリ

⑾**フツウミミズ** 動物界 環形動物門（Annelida） 貧毛綱（Oligochaete） ナガミミズ目（Haplotaxida） フトミミズ科（Megasclocidae） フツウミミズ属（*Metaphire*） フツウミミズ

⑿**ユスリカ** 動物界 節足動物門（Arthropoda） 昆虫綱（Insecta） ハエ目（双翅目）（Diptera） ユスリカ科（Chironomidae） エリユスリカ亜科（Orthocladiinae） アカムシユスリカ属（*Propsilocerus*） ユスリカ

⒀**イサザアミ** 動物界 節足動物門（Arthropoda） 甲殻亜門（Crustacea） 軟甲綱（Malacostraca） フクロエビ上目（Peracarida） アミ目（Mysida） アミ科（Mysidae） イサザアミ属（*Neomysis*） イサザアミ

編著者紹介

佐藤温重　1931年生
　　　　　1955年　東京教育大学生物学科卒業
　　　　　現　在　東京医科歯科大学名誉教授

永井　彰　1931年生
　　　　　1955年　東北大学生物学科卒業
　　　　　現　在　東海大学名誉教授

山上　明　1946年生
　　　　　1968年　東京教育大学生物学科卒業
　　　　　現　在　東海大学名誉教授

第2版編著者紹介

秋山信彦　1961年生　博士（水産学）
　　　　　現　在　東海大学海洋学部教授

山崎　剛　1965年生　博士（医学）
　　　　　現　在　東海大学海洋学部准教授

松浦弘行　1972年生　博士（農学）
　　　　　現　在　東海大学海洋学部准教授

石井　洋　1969年生　博士（理学）
　　　　　現　在　東海大学海洋学部准教授

生物学実験　第2版
せいぶつがくじっけん　だいにはん

2002年3月20日　第1版第1刷発行
2023年2月20日　第1版第14刷発行
2024年4月10日　第2版第1刷発行

編 著 者	佐藤温重・永井　彰・山上　明
第 2 版 編 著 者	秋山信彦・山崎　剛・松浦弘行・石井　洋
発 行 者	村田信一
発 行 所	東海大学出版部

〒259-1292　神奈川県平塚市北金目4-1-1
TEL 0463-58-7811　振替 00100-5-46614
URL https://www.u-tokai.ac.jp/network/publishing-department/

印刷所	港北メディアサービス株式会社
製本所	誠製本株式会社